Metodología científica BhiPRO

Metodología científica BhiPRO

Cómo medir la felicidad organizacional

Navío Libros

Metodología científica BhiPRO
Cómo medir la felicidad organizacional

1. Cultura organizacional 2.Cultura laboral 3. BhiPRO
4. Medición de felicidad 5. Midiendo felicidad laboral
6. Mide la felicidad 7. Transformación cultura en felicidad
8. Felicidad organizacional 9. Bienestar y felicidad
10. Medición felicidad colaboradores 11. Indicadores BhiPRO
12. Productividad y rentabilidad 13.Innovacion 14. Mediciones
15. Formación en felicidad organizacional 16. Feedback
17. Humanizar el trabajo 18. Metodología 19. Organizaciones

Metodología científica BhiPRO, Cómo medir la felicidad organizacional©
© Editorial Navío Libros, 2021.
ISBN: 978-958-53759-3-2

Primera edición. Colombia, enero de 2022
Diana Ospina Campuzano & Oscar Rodríguez Lemus
Imágenes y fotografías: Javier Torres
j.torres@hemisferioizquierdofotografia.com
Diagramación y diseño carátula: Kimberly Flores kreativadass@gmail.com
Editorial Navío Libros.
Calle 21 #87b 36 oficina 814
Bogotá - Colombia
Teléfonos: +573213940739 /+573102617196 /+573202036149
Impreso y hecho en Colombia
Printed and made in Colombia

Metodología científica BhiPRO

Cómo medir la felicidad organizacional

Diana Ospina Campuzano

Oscar Rodríguez Lemus

Prólogo

Dr. Daniel Castro

Contenido

Clientes que han aplicado en sus organizaciones la

Agradecimientos

Queremos agradecer primero a nuestro socio mayor, guía, padre y maestro, a **Dios**, en quien creemos y quién nos ha dado esta misión tan importante en pro de la construcción de mejor calidad de vida para los seres humanos a nivel mundial.

Nuestros hijos, quienes nos inspiran y alientan a seguir adelante, que nuevamente han sacrificado su tiempo para permitirnos trabajar en el proceso de construcción de este libro y de las investigaciones que aquí presentamos, nos impulsan y nos llenan de fuerzas para creer que lograremos seguir transformando vidas. A nuestras familias que nos ayudan y creen siempre en nosotros.

Y a todos los incrédulos, aquellas personas que con su ingenuidad, desconocimiento o ignorancia nos han calumniado, atacado, acosado y hasta perseguido en nuestros eventos, conferencias y en redes sociales. Incluso algunos de ellos van a leer este libro y aún su ego y arrogancia no les permitirá abrir su mente y su corazón. Para ellos todo nuestro amor, porque el que alardea de sí mismo será humillado y el humillado será enaltecido. El amor engrandece.

Y millones de gracias a las más de 6.000 personas que voluntariamente decidieron participar y contribuir a esta investigación en **Felicidad Organizacional**.

Prólogo

"El mejor trabajo viene de las personas felices", era una frase que escuchaba frecuentemente de una de las ejecutivas de la industria multinacional quien fue directora en uno de los equipos en que trabajé y por la que guardo un profundo respeto y admiración como líder y mentora.

Esta fue una premisa que he vivido como principio en todos los equipos que he liderado en marketing y ventas por mi paso por las corporaciones durante más de 15 años y que pude ratificar una y otra vez en los resultados que con estos equipos obtuvimos en el mercado real. Y ahora como CEO de Neurobusiness® llevando casi una década más sirviendo para corporaciones (muchas pertenecientes a la lista de Fortune 500) puedo decir que es uno de los principios que vale la pena que todo mánager persiga con decisión. Aún más, pienso con convicción que la **felicidad**

merece permear la cultura organizacional por los inmensos beneficios que puede traer a las organizaciones y las personas que dan forma a los negocios.

Sin embargo, desde la facultad de medicina aprendí que una afirmación como estas: a más felicidad más productividad; no puede ser respondida desde la experiencia personal; más bien merece ser tratada como una pregunta de investigación que se aborde desde la experimentación científica. Es por esto por lo que encuentro valor genuino en el libro **Metodología científica BhiPRO ¿Cómo medir la felicidad organizacional?** Antes de adentrarnos más en el sabor de esta enriquecedora lectura; podemos dar una mirada a las publicaciones científicas que sirven como pista de aterrizaje.

¿En realidad una persona feliz tiene un mejor rendimiento? La respuesta a esta pregunta de investigación ha sido abordada por varios estudios, dentro de ellos uno publicado por Salas-Vallina et al. En el 2020 en Frontiers in Psychology (1); en este estudio realizado a 492 participantes del sector financiero, reveló que la felicidad afecta positiva y directamente los resultados de estos colaboradores, aún más se asoció con una mayor habilidad para efectuar ventas cruzadas (1).

Un largo camino me ha revelado una verdad que parece

a simple vista obvia, una vez inmerso en el mundo corporativo por años, y después de haber tenido formación de posgrado en finanzas, posgrado en gerencia estratégica, posgrado en gerencia estratégica, MBA, Maestría en Neuromarketing y Maestría en Neurociencia aplicada, puedo decir que todo mánager, sin importar su amplia experiencia, debe recordar que los resultados de toda organización se logran por medio de personas. Son las personas y sus cerebros los que un líder gestiona.

Los hallazgos sobre las vías neuronales que regulan y procesan la felicidad, recuerdan a todos los líderes en las organizaciones que los cerebros de sus colaboradores -los mismos que determinan los resultados de toda la organización- tienen circuitos dignos de comprender porque afectan el trabajo de todo el equipo. Tales como los descritos por Loonen et al en 2018 (2) que nos muestra como el sistema habenular contribuyc al procesamiento de la felicidad en los seres humanos. O aquellos circuitos de la unión temporo-parietal y su conectividad con el striatum ventral, que explican el vínculo entre la generosidad y felicidad: a mayores comportamientos de generosidad, mayor felicidad (3).

Esta afirmación me hace invitar a los líderes de toda organización a incrementar sus comportamientos de generosidad (invertir más en otros), y a celebrar la generosidad que han tenido

Diana Ospina y Oscar Rodríguez, al ofrecer al mundo un camino analítico y para explorar los beneficios de la felicidad al nivel organizacional con su libro: Metodología científica BhiPRO ¿Cómo medir la felicidad organizacional?

Es emocionante recordar al lector que la felicidad si se puede medir (4) desde instrumentos psicométricos, hasta actividad cerebral relacionada con la experiencia de felicidad y medida por medio de fMRI (resonancia magnética funcional) (5) disponibles en el mundo de la ciencia para quien quiera aceptar la invitación a la aventura de sumergirse en ella y quererla aplicar.

Por esto auguro una emocionante lectura de los capítulos 1,2,3,4 y 5 del libro que se teje a continuación.

¿Qué pueden hacer las organizaciones para aprovechar las bondades de la felicidad cuando hace parte de la cultura organizacional? La ciencia ha demostrado con niveles de significancia estadística varias intervenciones: desde construir locaciones y ambientes más bellos para que sus colaboradores disfruten de vistas más agradables (6), darle un espacio a la naturaleza en la locación de trabajo (6), procurar por esquemas de compensación adecuados (7), tener en su lugar mecanismo para identificar problemas de salud mental entre los colaboradores (8) y alguno fundamental: medir los niveles de felicidad (8). Porque cómo vamos a mejorar algo que no medimos; con firmeza puedo aseverar que el lector va a disfrutar mucho del libro:

Metodología científica BhiPRO ¿Cómo medir la felicidad organizacional?

En el que encontrará un camino útil para construir desde su círculo de influencia actitudes positivas en los colaboradores de su organización.

Es clave recordar al lector que las emociones y las sensaciones físicas que acompañan a las emociones tienen una influencia directa en las decisiones que tomamos los seres humanos (9), estas decisiones llevan a los comportamientos, y los comportamientos a los resultados que usted está persiguiendo.

Hoy, después de haber visto crecer a Neurobusiness® con oficinas en varios países en Estados Unidos, México, Colombia; y con proyectos activos en más de 13 países puedo afirmar que esta expansión y resultados es gracias a cada una de las personas que nos colaboran en la compañía y a sus cerebros; que respiran uno de nuestros 3 principios de comportamiento: La debemos pasar muy bien. Con el aliento que da la experiencia propia invito al lector a sumergirse es esta emocionante aventura de construir la cultura organizacional con un fuerte vínculo a la felicidad de los colaboradores, bienvenidos a el libro Metodología científica Bhi-PRO ¿Cómo medir la felicidad organizacional?

Daniel Castro. MD, MBA, MSc.

Neurobusiness® CEO

Médico, Posgrado en Gerencia Estratégica, Posgrado en Gerencia Comercial

Posgrado en Finanzas.

MSc en Neuromarketing Universidad Internacional de la Rioja, Master en Dirección de Empresas (MBA-I) Foro Europeo/Escuela de Negocios de Navarra.

MSc(c) Neurociencia Aplicada King´s College de Londres.

Miembro de la Asociación Británica de Neurociencia

Referencias prólogo:

1. Salas-Vallina, A., Pozo-Hidalgo, M., & Gil-Monte, P. R. (2020). Are Happy Workers More Productive? The Mediating Role of Service-Skill Use. Frontiers in psychology, 11, 456. https://doi.org/10.3389/fpsyg.2020.00456

2. Loonen, A., & Ivanova, S. A. (2018). Circuits regulating pleasure and happiness: evolution and role in mental disorders. Acta neuropsychiatrica, 30(1), 29–42. https://doi.org/10.1017/neu.2017.8

3. Park, S. Q., Kahnt, T., Dogan, A., Strang, S., Fehr, E., & Tobler, P. N. (2017). A neural link between generosity and happiness. Nature communications, 8, 15964. https://doi.org/10.1038/ncomms15964

4. Wang, J. F., Wu, C. H., Hsieh, S., Liou, S., & Chen, B. W. (2014). Detection, measurement, and enhancement of happiness. TheScientificWorldJournal, 2014, 841206. https://doi.org/10.1155/2014/841206

5. Costa, T., Suardi, A. C., Diano, M., Cauda, F., Duca, S., Rusconi, M. L., & Sotgiu, I. (2019). The neural of hedonic and eudaimonic happiness: An fMRI study. Neuroscience letters, 712, 134491. https://doi.org/10.1016/j.neulet.2019.134491

6. Seresinhe, C. I., Preis, T., MacKerron, G., & Moat, H. S. (2019). Happiness is Greater in More Scenic Locations. Scientific reports, 9(1), 4498. https://doi.org/10.1038/s41598-019-40854-6

7. Jebb, A. T., Tay, L., Diener, E., & Oishi, S. (2018). Happiness, income satiation and turning points around the world. Nature human behaviour, 2(1), 33–38. https://doi.org/10.1038/s41562-017-0277-0

8. Rosenfeld A. J. (2019). The Neuroscience of Happiness and Well-Being: What Brain Findings from Optimism and Compassion Reveal. Child and adolescent psychiatric clinics of North America, 28(2), 137–146. https://doi.org/10.1016/j.

chc.2018.11.002

9. Castro D. (2021) Herramientas cerebrales de persuasión, negociación & relaciones humanas. Serie el Método Neurobusiness®, 79-98.

Introducción

En los tiempos actuales, existen muchas personas en cargos de mayor nivel jerárquico, y es en esos casos, cuando la cultura empresarial se torna en un reflejo de la alta dirección. Esta concepción, basada en el **"liderazgo tradicional"**, hace que algunos jefes lideren ejerciendo "mano fuerte", como ellos mismos lo denominan. Este se convierte en un respaldo para sus acciones y decisiones, así sean injustas. El uso común de palabras despectivas, exigencias de horarios extendidos, fines de semana y, sobre todo, un interés nulo en el desarrollo personal y profesional de sus colaboradores, hacen parte de esta amplia gama de conductas erráticas y contraproducentes.

Evidentemente, en estas culturas prima el interés empresarial por encima del colaborador y difícilmente, a menos que haya toda una transformación tanto de estilo de liderazgo como cultural, una organización va a cambiar.

Por fortuna, el mundo cada vez está más interconectado y las tendencias globales se están imponiendo con una rapidez asombrosa, haciendo que a veces de manera forzada, se den los cambios hacia organizaciones con altas dosis de trabajo colaborativo. No sólo porque el entorno laboral lo está exigiendo, sino porque los colaboradores cada vez están más y mejor capacitados, tienen más alto el sentido de amor a su familia, el buen trato en todo sentido y son más conscientes de sus derechos y de su felicidad sin duda alguna en la empresa.

Hoy, dos años después desde que inició esta pandemia, precisamente todas las organizaciones mostraron a "flor de piel" su esencia cuando tuvieron que replantear su estrategia con relación a las personas. Aunque el que haya muchas empresas con una gerencia tradicional es preocupante, nos da un ápice de esperanza saber que cada vez son más las organizaciones que son conscientes de la enorme responsabilidad que tienen en la sociedad y eso incluye poner en primer lugar a las personas, que son su motor diríamos, que el eje principal en su empresa.

Organizaciones de este tipo que se desarrollan bajo un liderazgo consciente, han entendido que para poder ser eficientes, rentables y productivas, necesitan apostarle al bienestar y felicidad de sus colaboradores; pero no basta con poner en marcha actividades o una serie de beneficios aislados que no estén ligados a una estrategia clara de gerenciamiento de personas en felicidad y así mismo, de un monitoreo continuo, una persona responsable y una medición periódica que permita establecer si lo planeado está cumpliendo con su objetivo o qué desviaciones se están encontrando en el camino para poder ajustarlas a tiempo.

Con relación a "medirse" siempre ha habido algo de temor y lógicamente el desconocimiento de un tema tan novedoso genera muchas preguntas. Lo primero, porque el medir algo, puede evidenciar si lo implementado está siendo efectivo o no, y si llegase a suceder esto último, puede haber entre otros, cuestionamientos con relación a si vale la pena seguir invirtiendo tiempo y dinero hacia las personas, desmotivación por parte del responsable y un posible recorte del presupuesto destinado a esta estrategia.

El Gran Interrogante Aquí es ¿Se Puede Medir la Felicidad?

Es una pregunta que incide directamente en el **Modelo BhiPRO (Business Happiness Index Program),** su respuesta no es sencilla, pero tampoco es complicada. Para responder a ello se debe plantear si la medición y los números son un atributo de los objetos medidos o no lo son, tal como en el caso de la felicidad o cualquier otro fenómeno natural o social, los números no están presentes como esencias de los objetos. Es por ello, que puede considerarse que la medición no implica extraer un atributo esencial del objeto medido, sino por el contrario, la medición y en especial la medición de la felicidad es una forma específica de evaluación que implica el arte de transformar las referencias comportamentales de un sistema empírico (en este caso la felicidad) en un sistema numérico, a través de reglas de asignación numérica y de un proceso de escalamiento (Martínez, R. (2005).

Desde esta perspectiva, medir es más que considerar los números, es el arte de asignar el mejor número a un atributo. De esta manera se entiende que la mejor forma de asignación numérica es la que ha pasado por las pruebas constantes de **fiabilidad, validez y estandarización**. **El Modelo BhiPRO** como un constructo derivado de los estudios de la felicidad y el bienestar, presentan estas innovaciones métricas.

Adicionalmente, las preguntas surgen alrededor de cómo determinar los indicadores correctos y que generen valor, y, por otro lado, de la oportunidad y necesidad de la periodicidad de esta, al mismo tiempo que se genera el interrogante de cómo gerenciar a los colaboradores de manera correcta y sin irnos hacia una empresa basada sólo en ejecución de tácticas.

Queremos que las organizaciones sepan que no están solas. Migrar a una **Gerencia de personas felices** requiere de una convicción total en cuanto a la valía de los seres humanos que allí trabajan y de un esfuerzo, tiempo y recursos sostenido que se facilitará si se cuenta con los aliados correctos para transitar este maravilloso camino que se llama "cultura en felicidad organizacional". El primer paso es dejar la Gerencia tradicional y crear los líderes que el mundo empresarial necesita hoy.

Somos Mide la Felicidad®

Pioneros en América Latina en la aplicación de mediciones profundas de felicidad organizacional

Web: midelafelicidad.com

CAPÍTULO 1.

Felicidad Organizacional:
Una nueva tendencia

La felicidad organizacional es la capacidad de una organización para ofrecer y facilitar a sus colaboradores las condiciones y procesos de trabajo que le permitan el despliegue de sus fortalezas individuales y grupales, para coincidir el desempeño hacia metas empresariales sustentables y sostenibles. Así se construye un activo organizacional intangible y de gran diferenciación.

Son cada vez más importantes las razones en las empresas para trabajar en las destrezas o habilidades blandas de los colaboradores, dado que mientras se pasa por la universidad las habilidades que son trabajadas son las habilidades duras o de conocimientos técnicos, que, aunque son muy importantes, muy poco contribuyen al trabajo armónico, en equipo y retador de estos tiempos.

Aunque algunas personas las tienen de manera natural, es importante para otras tantas personas en las organizaciones aprender a desarrollarlas, sobre todo si se trata de puestos de jerarquía en la organización, en donde cada día se hace más visible la necesidad de contar con un líder que gerencie personas trabajando desde la inteligencia emocional.

Dentro de las investigaciones que llevamos durante más de 7 años aplicando la metodología **BhiPRO** a distintas empresas a nivel mundial desde Mide La Felicidad®, una de las conclusiones a las que hemos llegado es que, la felicidad organizacional ha llegado a complementar las teorías y prácticas sobre el bienestar y **el Bien SER,** presentadas a continuación:

1. Humanizar el trabajo, conocer al colaborador, escuchar sus intereses, inquietudes y vida personal es fundamental para que sienta el apoyo de la empresa y no se sienta solo.

2. Definitivamente, el diagnóstico serio, riguroso y muy profesional sobre la cultura organizacional

que se vive en cada empresa es fundamental, así que uno de los pasos para trabajar es realizar un diagnóstico de felicidad organizacional serio para identificar aquellas fallas y debilidades de la empresa hacia sus colaboradores, para generar un plan de acción enfocado en la rentabilidad y productividad.

3. El teletrabajo o trabajo desde casa. El distanciamiento social continuará siendo esencial durante mucho tiempo, lo que hará que multitud de equipos sigan teletrabajando. Allí la importancia de que los líderes fomenten la confianza y la productividad en los colaboradores aún desde la distancia.

4. Colaboradores felices. En el 2021 las empresas trabajaban centradas en que sus colaboradores estuvieran a gusto en sus puestos o proyectos de trabajo, para ampliar su productividad, lealtad y eficiencia, cumpliendo con los objetivos.

5. Reuniones más ágiles. Las reuniones tan largas y extensas ya no son tan útiles. Las empresas están implementando "daily standups" reuniones de 15 minutos para responder qué hiciste ayer, que harás hoy y cuáles son las dificultades que tienes en tu trabajo.

6. Refuerzo de comunicación interna. Esta comunicación en la empresa ganará fuerza para afianzar el compromiso y mantener la motivación del equipo a través de diversas y sencillas herramientas digitales.

Continuamente, las personas tienen que reevaluar las habilidades que necesitan en el mundo laboral y buscar los recursos adecuados para desarrollarlas o actualizarlas, de ahí la importancia del entrenamiento en habilidades del **SER HUMANO, su cerebro y su felicidad.**

Lo que Sienten los Colaboradores

Existiendo tantos profesionales muy bien cualificados, con una buena formación académica y amplia experiencia profesional, desafortunadamente en las empresas se encuentra que no se les da la autonomía necesaria para brillar en sus trabajos como deberían hacerlo por su preparación académica y experiencia laboral.

Lo anterior, debido a que en nuestras intervenciones en las empresas que hemos aplicado BhiPRO identificamos que sus superiores jerárquicos definitivamente necesitan controlarlo absolutamente todo, desde sus ideas e informes, la hora de llegada y salida de la oficina, hasta la realización de las presentaciones y la forma de abordar los proyectos, objetivos, entregables, etc., y estamos hablando que en la mayoría de los casos se fijan más en la forma que en el mismo fondo.

Cuando no se les permite mostrar todo su potencial, ponerse a prueba con nuevos retos de acuerdo con sus habilidades y competencias, las personas se decepcionan y dejan de ser productivas cuando se llenan de tareas en ocasiones insignificantes para su crecimiento personal y profesional.

Soledad, burlas y en algunas ocasiones maltrato son algunas de las cosas que pueden llegar a sufrir los colaboradores en las organizaciones. Lamentablemente, el dolor no discrimina género y tanto mujeres como hombres sufren por igual.

Las mujeres son tildadas de sensibles, habladoras, poco racionales y se enfrentan a una sociedad machista e incluso a otras mujeres que son muy críticas con sus pensamientos y comentarios hacia las demás.

Por otro lado, la sociedad dicta que el hombre debe ser sinónimo de valentía y fortaleza por sobre todas las cosas, que es prohibido mostrar la vulnerabilidad y que éste no necesita expresar sus sentimientos, ni hablar de lo que le molesta o le preocupa.

Nada más equivocado de la realidad pues todos somos seres sensibles que necesitamos del otro para sobrevivir, y sí, decimos sobrevivir porque para muchos colaboradores en las empresas, cada día de trabajo en una organización es un día más en el que miles de personas entregan su tiempo, su atención e intención a una organización; dejando por un buen rato sus otros roles y sueños mientras atienden las asignaciones del día a día y dan todo de sí.

Temas como el liderazgo y la comunicación que siempre han sido tan estratégicos y fundamentales para las organizaciones, no se están practicando ahora desde el teletrabajo como los colaboradores hubieran esperado; al contrario, aquí se hizo evidente quiénes los tenían arraigados como parte de su cultura y quiénes no tanto.

Una de las claves para trabajar en las empresas es desde la **Gerencia de Felicidad Organizacional** a través de un encargado directo que trabaje por los sueños y metas de los colaboradores, entendiendo cuáles temas dentro de la organización son importantes para ellos, así como cuáles son los aspectos que no permiten trabajar en armonía y en equipo.

¿Qué debe saber e implementar un Gerente de Felicidad Organizacional en las empresas?

En primer lugar, debe asumir la felicidad organizacional

desde los siguientes frentes de los colaboradores: **el personal, el familiar y el profesional**, para poder ofrecer a los mismos, las condiciones, las herramientas y los procesos enfocados hacia ellos en primera instancia y que éstos 3 desemboquen en los clientes de la organización y conseguir experiencias maravillosas para todos los grupos de interés.

En segundo lugar, debe desarrollar habilidades tales como: crear estrategias, tomar decisiones y dejar trabajar a sus colaboradores. Sin embargo, no sólo se trata de hacer la estrategia y ejecutarla sino de medirla con indicadores ciertos y claros para que de manera objetiva la empresa pueda ver los resultados positivos de la inversión en pro de su gente.

Las 3 claves para trabajar desde la Gerencia de Felicidad organizacional son:

1. Trabajar en la felicidad de los colaboradores siempre, porque un cerebro feliz es mucho más inteligente.

2. Diseñar proyectos y estrategias donde el foco sea la felicidad, debido a que ésta, está directamente relacionada con la innovación, la creatividad y, por supuesto, la productividad para las empresas.

3. El reconocimiento hacia el colaborador es

fundamental para que se trabaje de manera feliz. Sin duda, el cerebro trabaja mejor con un sistema de recompensas bien diseñado.

Es importante aclarar que el **rol del Gerente de Felicidad Organizacional** no debe pertenecer a mandos medios, debe estar como staff en las empresas y tener voz y voto en las decisiones que tienen relación con el giro de los colaboradores y clientes.

Para desempeñar su importante labor, éste debe estar entrenado y contar con las competencias necesarias que lo apoyen en el cumplimiento de su propósito de impactar vidas de manera significativa e importante, tales como: *entusiasta, enérgico, estratega, extrovertido, arriesgado, orientado a la gente, negociador, entre otros.*

En ocasiones los "malos jefes" no son los únicos actores que generan un ambiente laboral tóxico pues hay compañeros que con comentarios, comparaciones o burlas fuera de lugar generan sentimientos y emociones negativas. Eso no se parece en nada a la camaradería ni al buen humor que debe haber en las organizaciones, pero siempre basado en el respeto por la diferencia.

Otro aspecto que es causa de infelicidad de las personas en las empresas es sentir que están entregando su vida para cumplir los sueños de otros y dejando de lado los suyos. Cuando una institución no se interesa en conocer los sueños y las metas personales y familiares de quienes trabajan para ella, no están cumpliendo a cabalidad ni con responsabilidad su rol en la sociedad puesto que la primera responsabilidad, antes que, con los clientes, es con su propia gente. Lo correcto es generar suficientes espacios de escucha, confianza y retroalimentación para saber cómo desde la estrategia empresarial se puede acompañar a todos los individuos a lograr sus objetivos a corto y largo plazo.

La base de la felicidad en la organización son las emociones y los comportamientos organizacionales, es decir, la felicidad organizacional es el resultado de un pensamiento estratégico (Baker et al., 2006).

Cuando un cliente tiene cualquier acercamiento con la marca puede percibir el estado de ánimo de quién lo atiende, el trato que hay entre compañeros, el clima laboral que se vive en la empresa está atento al lenguaje, tanto verbal como corporal y todos los comportamientos que finalmente son muestra de la cultura organizacional que se vive al interior de la empresa y evidencia los esfuerzos que se hacen, o no, para trabajar en ésta.

El insertar elementos culturales en una organización asociados a la felicidad laboral, implica un esfuerzo consciente y sostenido por parte de la Alta Dirección, del área de Gestión Humana, Marketing y en general de todos los líderes para que se facilite un significado colectivo, promueva multiplicadores que sean influyentes con su ejemplo, reconozca positivamente toda conducta esperada para que se mantenga a lo largo del tiempo y se creen historias de éxito que sean transmisoras de esos significados positivos y esas experiencias ancladas en felicidad de sus colaboradores y por supuesto clientes.

Si una empresa trabaja en la felicidad del colaborador, no hay duda de que el cliente lo va a notar porque recibe mensajes todo el tiempo y no necesariamente por la publicidad que hace la organización mostrando una cara bonita, sino porque hay coherencia entre lo que ve, escucha y lo que le dice la marca.

Cada vez son más los medios, herramientas y espacios que una organización tiene para conocer a profundidad a su gente y ello debe implicar interesarse de manera genuina en sus preocupaciones, para saber cómo desde un buen liderazgo basado en la Gerencia de Felicidad Organizacional y una buena cultura organizacional en felicidad, se puede crear una experiencia enriquecedora para su vida y la de su familia, que al final afecte positivamente a los clientes e incida en la productividad y rentabilidad de las empresas.

En nuestras investigaciones hemos estudiado diferentes autores reconocidos en el mundo de la Felicidad Organizacional que indican lo siguiente a través de sus propios estudios e investigaciones:

- Fisher (2010) señala que el concepto de felicidad organizacional incluye la satisfacción en el trabajo, pero es mucho más amplio, ya que considera estar involucrado con la organización y sus funciones.

- Silverblatt (2010, citado por Dutschk, 2013) indica que los empleados no felices con su trabajo tienen un coste de millones en la economía, principalmente a través de la pérdida de productividad. El autor considera que promover la felicidad de los empleados es lo más importante y las emociones positivas suelen actuar como un antídoto frente a las emociones negativas, por lo que si el colaborador aprende a incrementar niveles de emoción positiva se siente menos estresado y más resistente. También encontramos que el mismo autor indica en un estudio en Portugal que logró identificar ocho factores de la felicidad organizacional mediante un análisis factorial los cuales son: desarrollo personal, reconocimiento y respeto, ambiente de trabajo, objetivos, equilibrio vida social, influencia y apoyo de jefes y compromiso con la organización y seguridad.

- Hosie, Sevastos y Cooper (2007) en un trabajo de

investigación con 400 profesionales en Australia, encontraron correlaciones positivas entre el rendimiento de la organización y empleados más felices; el modelo aplicado considera dimensiones que evalúan la felicidad profesional en cuanto a características personales, características de las funciones laborales, definición de objetivos, flujo de trabajo, equilibrio entre trabajo y familia y satisfacción en el trabajo.

- Se ha señalado igualmente que la felicidad en el trabajo es posible asociarla con una mayor creatividad laboral y con un aumento de conductas prosociales con los compañeros de trabajo y los clientes, generando como resultados menores índices de conductas contraproductivas (Rodríguez y Sanz 2013).

Las 5G de la Felicidad Laboral

El mundo avanza a pasos agigantados, el cambio incesante es nuestra realidad y la tecnología es quizá el área que es fiel reflejo de nuestra vida actual, cambiante, caótica y, por lo tanto, llena de retos.

El ecosistema organizacional no debe ser ajeno a

este panorama y con tal inspiración, valdría la pena hacer una analogía entre los increíbles avances de la tecnología y los que debería haber en las empresas.

Con la red móvil de 5ta generación, su velocidad en milisegundos y con mayor conectividad que nunca, atrás quedó la tecnología 1G que sólo permitía llamadas; la 2G que sumó los SMS; la 3G que incorporó la conexión a internet y la 4G que trajo la banda ancha y la reproducción de videos en tiempo real.

Es claro que las organizaciones se ven impactadas por estos cambios tecnológicos, pero además de ello, por los cambios a nivel de administración que tienen que ver con la actualización de tendencias mundiales en cuanto a la estrategia que deben ser estudiadas a profundidad y exitosamente implementadas debido a que éstas impactarán necesariamente a la cultura.

Una de estas tendencias es la **felicidad organizacional** que ha llegado a complementar las teorías y prácticas sobre el bienestar y el clima laboral, y es precisamente por ello que queremos ahondar en algunas de las características y ventajas que trae para las organizaciones y los colaboradores trabajar en este tema de manera estratégica.

A continuación, les presentamos las 5G de la felicidad organizacional:

La primera G y que consideramos de vital importancia es el *Grupo Familiar,* uno de los públicos que debe estar en el radar de toda organización, pues este grupo, independiente de cómo esté conformado, es una de las principales motivaciones de los colaboradores.

Según el estudio "Vínculos familiares: una clave explicativa de la felicidad", de Pablo Beytía, se concluye que los estudios muestran la importancia de considerar las condiciones familiares al momento de evaluar la relación entre parentalidad y felicidad. Probablemente, sea superficial considerar únicamente las tendencias generales de la población, sin establecer diferencias según ciertas características personales de los padres y madres. En efecto, la parentalidad parece aumentar o disminuir la felicidad según las circunstancias de la pareja. Tener hijos tiende a aumentar la felicidad de las mujeres y de los padres y madres maduros, especialmente cuando están casados y tienen un capital educativo y económico que les permita vivir con menores preocupaciones. (Beytía, 2017, p. 12).

Se debe empezar con algo tan básico como conocer la composición de su familia, con quién vive, a qué se dedican sus familiares cercanos, si tiene o no mascotas, abrir espacios de comunicación continuos para identificar si está pasando por alguna circunstancia difícil que merezca mayor comprensión y apoyo emocional, cuáles son sus metas y sueños y si la organización puede contribuir de alguna manera a que los alcancen. Unas políticas claras y flexibles con relación a la familia le pueden facilitar al colaborador tener un sano balance entre sus responsabilidades familiares y sus compromisos laborales.

La segunda G consiste en *Gratitud* acompañada de Reconocimiento. Las empresas están llamadas a promover una cultura de agradecimiento lo cual aumentará también otros indicadores tales como el compromiso y el optimismo. Implica incentivar a las personas a agradecer a otros de manera genuina y hacer notables diferentes actos, incluso algunos que normalmente pasan desapercibidos. Por otro lado, se debe pensar en cómo el reconocimiento también se debe incorporar en el ADN de la organización, y que no esté sólo basado en elementos materiales o monetarios, sino acompañado de gestos recurrentes por parte de compañeros y jefes.

Con relación a la pregunta sobre qué es lo bueno de la gratitud, la literatura muestra asociaciones importantes entre la gratitud y resultados positivos en la vida de las personas. Por ejemplo, la gratitud favorece una valoración positiva de la calidad de vida (Spangler et al., 2008), predice el bienestar emocional (McCullough et al., 2002) y el bienestar psicológico general (Wood et al., 2010). Individuos agradecidos reportan tener una mejor salud, menos problemas de salud física y mejores patrones de sueño (Kendler, 2003; Otey-Scott, 2008). Así mismo, la gratitud se asocia negativamente a algunos trastornos como la depresión (Krause, 2006). Finalmente, intervenciones centradas en la gratitud han mostrado efectos significativos en el bienestar subjetivo, favorecen las conexiones sociales, reducen el estrés, y amplían el reconocimiento y disfrute de eventos positivos de la vida (Watkins, 2014). (Molina Valencia, 2020, p. 241).

La tercera G es ***Generosidad y Colaboración***. Consiste en entender que todos estamos interconectados en una organización y que dependemos del otro para surgir, cómo promovemos dejar el ego a un lado para que la mayor parte del tiempo no brille el yo, sino el nosotros. Ahora más que nunca, con tantas facilidades para impartir lecciones, ¿brindamos espacios para que nuestros colaboradores puedan enseñar aquellas cosas que saben o en las que son buenos?

En el libro Practicar la felicidad el Psicólogo e investigador de la Universidad de Harvard, Tal Ben-Shahar, nos cita lo siguiente:

Quien es generoso y amable con los otros recibe tal beneficio a cambio, que a veces pienso que no hay cosa más egoísta que ayudar a los demás. Ser generoso en la vida puede proporcionar o no ventajas materiales, pero siempre trae felicidad a quien lo practica. En efecto la felicidad es un bien ilimitado: no funciona por asignaciones fijas, y la ganancia en felicidad de una persona no comporta una perdida equivalente para otra. Pensar en los demás – dar y compartir, como filosofía de vida- es la mejor y más abundante fuente de riqueza emocional y espiritual (2011).

La **cuarta G** se refiere al ***Gusto por lo que haces.*** ¿Cómo podemos acompañar a nuestra gente para que realmente se conozca? Este punto implica temas de autoconocimiento, identificación de talentos, fortalezas y de su propósito, asignación de roles y tareas que estén de acuerdo tanto a su saber cómo a su experiencia y expectativas. Trabajar en esto aumenta la autocon fianza y, por ende, la productividad.

Este componente está completamente relacionado con lo que se ha venido estudiando e investigando desde la década de los 80 como es el Síndrome de Burnout, el cual se refiere en otras palabras a "sentirse quemado en el trabajo". Y algunos de los sistemas más relevantes es precisamente cuando empezamos a perder ese gusto por nuestra labor por todo lo que hacemos, incluso dejar de relacionarnos con nuestros compañeros de trabajo. En este sentido, Álvarez y Fernández (1991) señalan lo siguiente:

Si bien en un primer momento se consideraba este síndrome como exclusivo de algunos servicios, lo cierto es que todos los profesionales sean cual sea su ocupación son susceptibles de desanimarse y perder su entusiasmo por su trabajo.

El rasgo fundamental del "burnout" es el cansancio emocional o lo que es lo mismo, la sensación de no poder dar más de sí mismo a los demás. Para protegerse de tal sentimiento negativo, el sujeto trata de aislarse de los otros desarrollando así una actitud impersonal hacia los "clientes" y los miembros del equipo, mostrándose cínico, distanciado, utilizando etiquetas utilizando etiquetas despectivas para aludir a los usuarios o bien tratará de hacer culpables a los demás de sus frustraciones y descenso de su compromiso laboral. Todos estos recursos suponen para él una forma de aliviar la tensión experimentada de manera que, al restringir el grado o la intensidad de la relación con las demás personas, está tratando de adaptarse a la situación, aunque lo haga por medio de mecanismos neuróticos.

El tercer rasgo esencial es el sentimiento complejo de inadecuación personal y profesional al puesto de trabajo, que surge al comprobar que las demandas que se le hacen exceden su capacidad para atenderlas debidamente. Este tercer componente puede estar presente o bien encubierto por una sensación paradójica de omnipotencia. Ante la amenaza inconsciente de sentirse incompetente, el profesional redobla sus esfuerzos para afrontar las situaciones dando la impresión a los que le observan de que su interés y dedicación son inagotables.

La **5 G** es ***Ganancia*** para todos. Sabemos que el fin de toda empresa, es la rentabilidad y sin duda, esos resultados esperados se darán si los colaboradores sienten que también están ganando una experiencia de vida enriquecedora que les está permitiendo florecer tanto a ellos como a sus familias. Las organizaciones y los líderes deben preguntarse constantemente, ¿Qué le estamos brindando al colaborador además de un salario y un lugar donde trabajar? ¿Está desarrollándose personal y profesionalmente? ¿Le hemos brindado nuevas herramientas, conocimientos y lo hemos acompañado en el desarrollo de competencias que le permitan, no sólo desempeñarse de manera exitosa aquí, sino en el siguiente lugar donde continúe su curso laboral?

En el estudio "Los factores de productividad que determinan la felicidad laboral de Diego Ricardo Páez Monsalve se afirma que la felicidad o su aspecto humano, se basa en la persona como ser individual, pero cuando la persona siente satisfacción por lo que logra con sus actividades diarias o la labor para la cual es encargada, podemos hablar de felicidad laboral. En este caso se puede observar que el rendimiento de las personas que sienten un nivel de satisfacción es mucho más elevado que en aquel colaborador, que no tiene ningún propósito más allá de conseguir su remuneración.

Según Ariam Sánchez, las personas que sienten un nivel de satisfacción cuando realizan su trabajo, son 25% más productivas que las demás, esto contribuye a que tengan mayores utilidades de acuerdo con sus fuentes laborales.

Otros autores, consideran que las personas pueden sentir satisfacción realizando cualquier tipo de actividad.

La satisfacción laboral también se ha relacionado fuertemente con los niveles generales de la felicidad (Bowling, Eschleman, y Wang, 2010; Erdogan, Bauer, Trujillo, y Mansfield, 2012). En su meta-análisis de la satisfacción laboral y el bienestar subjetivo, Bowling et al., (2010) encontraron que la satisfacción en el trabajo se asoció positivamente con la satisfacción con la vida y la felicidad. Statuf, Monteiro, Pereira, Esgalhado Afonso y Loureiro (2016) en un estudio realizado en 971 personas en Portugal describieron que la satisfacción laboral estaba fuertemente correlacionada con la felicidad y la dimensión emocional de la salud; por su parte una alta satisfacción en el trabajo incrementa las probabilidades de reportar buenos niveles de energía, aumenta la calidad y la cantidad de interacciones sociales y proporciona a los trabajadores una protección adicional contra la ansiedad, la depresión y la pérdida de control emocional y conductual.

Wright y Cropanzano (2004, citados por Moccia, 2016) mencionan que cuanto más alto es el nivel de felicidad y de emociones positivas de los trabajadores más fuerte es el vínculo entre la satisfacción en el trabajo, la ejecución y los resultados.

James y James (1989, Citados por Hernández, Méndez y Contreras, 2014) caracterizaron cinco dominios primarios de las percepciones sobre el ambiente de trabajo: 1) características del trabajo: autonomía, reto e importancia de la tarea 2) características del papel o rol laboral: ambigüedad, conflicto y sobrecarga 3) características del liderazgo: énfasis en las metas, apoyo e influencia ascendente 4) trabajo en equipo y características sociales del ambiente: cooperación, orgullo y calidez 5) atributos de la organización y el subsistema o departamento: innovación, apertura a la información y sistema de recompensas y reconocimientos.

Finalmente, Arias, Masías y Justo (2014) estudiaron el efecto de las exigencias psicológicas asociado al burnout y su relación con el bienestar del trabajador encontrando relaciones negativas y significativas entre felicidad y agotamiento emocional, en donde los varones experimentan menores niveles de burnout que las mujeres, sin embargo, las relaciones negativas entre felicidad y burnout son más fuertes en mujeres, de modo que la mujer más feliz experimenta menor agotamiento emocional.

El Cliente Siente la Felicidad

Cada día que pasa los seres humanos somos más conscientes del mundo que nos rodea y de los hábitos y comportamientos más adecuados para vivir en él de manera sostenible, el "marketing verde" está centrado en trabajar por el planeta, el cuidado del medio ambiente y por supuesto de las personas.

Esta evolución en el pensamiento y en la vivencia ha influido en gran medida nuestro comportamiento como clientes de distintas marcas, dado que desde hace mucho tiempo atrás dejamos de lado, el querer estar simplemente satisfechos y obteniendo un beneficio unilateral y nos encontramos deseosos de encontrar experiencias realmente gratificantes, emocionantes y felices junto a otros actores de la sociedad que demuestren un interés genuino en dejar huella en el planeta que habitamos y trascender.

Así nace el concepto de felicidad en los clientes, al entender que las interacciones han cambiado, ya no son sólo transaccionales pues en la mente de las personas se ha despertado algo similar a un radar para captar lo que a veces parece imperceptible, se ha conectado nuestro cerebro y nuestro corazón y ha permitido que el **sentir** sea mucho más importante a la hora de comprar que el **pensar** solamente.

Es por eso, por lo que cuando un cliente tiene cualquier acercamiento con la marca puede percibir el estado de ánimo de quién lo atiende, el trato que hay entre compañeros, el clima laboral que se vive en la empresa está atento al lenguaje, tanto verbal como corporal y todos los comportamientos que finalmente son muestra de la cultura que se incentiva al interior de la empresa y evidencia los esfuerzos que se hacen, o no, para trabajar en ésta.

Si una empresa trabaja en la felicidad del colaborador, no hay duda de que el cliente lo va a notar porque recibe mensajes todo el tiempo y no necesariamente por la publicidad que hace la organización mostrando una cara bonita, sino porque hay coherencia entre lo que ve, escucha y lo que le dice su intuición.

Los sentidos no fallan y lo que siente el cliente en el momento que es atendido por el colaborador, en ese momento de verdad, marca la diferencia entre un cliente que se vuelve **FAN** de la empresa a un cliente que sólo hace parte de la larga lista de clientes que tiene en su sistema.

Cuando el cliente tiene esa percepción positiva de una empresa que le apuesta al servicio, la experiencia y al trabajo en equipo feliz, de alguna manera estamos contribuyendo a su felicidad porque se siente bien cuando le compra a una marca que le apuesta a su gente.

Esos detalles son algunos diferenciales de las empresas que se vuelven difíciles de copiar por la competencia y logran convertir a los clientes, como dijimos anteriormente, en fans de la organización por la alineación con sus valores.

No está de más resaltar que para cualquier empresa eso se convierte en una gran ventaja competitiva que le permite incluso cobrar más por sus servicios, apostar por la recompra y asegurar la recomendación del cliente, al mismo tiempo que se vuelve una empresa difícilmente copiable por la competencia.

Mujer Vital en los Equipos de Trabajo

Madres, esposas y exitosas profesionales; las mujeres pueden serlo todo y desempeñar de manera excelente en éstos y los muchos otros roles que tiene. Sin duda alguna, la vida se disfruta más con nuestra sensibilidad y atención al detalle, lo que nos permite saborear mejor las circunstancias y las relaciones; y dichas cualidades son sólo algunos de los valores agregados del género femenino en el mundo organizacional.

Las neurociencias establecen que las diferencias entre los cerebros masculinos y femeninos son significativas, éstos últimos están diseñados con un cerebro más interconectado lo que otorga una superioridad mayor en las habilidades relacionadas con el lenguaje, el relacionamiento para facilitar la comunicación intuitiva que el cerebro masculino.

Cuando las mujeres progresan, las empresas progresan, pero algunas organizaciones siguen desperdiciando el talento del cerebro femenino, por ello las mujeres son las perfectas para desarrollar el cargo del futuro la Gerencia de Felicidad Organizacional cuyo foco está en contar con equipos de trabajo armónicos, con culturas en felicidad generando productividad y rentabilidad a través de su empatía.

Y con todo lo anterior, las empresas siguen estando lideradas en su mayoría por hombres y en varios lugares, por culturas o pensamientos machistas, que se abstienen de incluir en los cargos directivos o en la toma de decisiones importantes a las mujeres.

A lo anterior, desafortunadamente se suma un aspecto incluso más preocupante y es que entre las mismas mujeres sigue habiendo una rivalidad que no cesa y hay mujeres que usan su perspicacia, no a favor, sino en contra de sus compañeras. Siendo muy analíticas, críticas y la vara con la que miden a las otras, está en un nivel con estándares muy altos, estándares que, al mirarse de manera objetiva, son muy difíciles de alcanzar.

Si ese era el panorama antes de la pandemia mundial causada por el COVID-19; en Mide La Felicidad®, una de las grandes inquietudes que nos surgió fue cómo esta situación había impactado la vida y la felicidad de las personas que estaban laborando y nos detuvimos a reflexionar en los grandes retos que supuso para todos por supuesto; pero pensar en el rol de la mujer trabajadora, acaparó gran parte de nuestra atención teniendo el trabajo, el hogar y los hijos todo en un mismo lugar al mismo tiempo, queríamos saber no sólo en el caso de las mujeres sino de los mismos hombres, si trabajaban desde casa o vivían en el trabajo.

No es un secreto que para la gran mayoría de los colaboradores ha sido complejo trabajar desde sus hogares al mismo tiempo que atienden sus hijos, casa, obligaciones y demás temas familiares, y nos atreveríamos a decir que independientemente de la conformación de las familias, la mujer generalmente es el eje central en todo hogar, por lo tanto, la carga se les ha duplicado significativamente.

Esta dinámica centralizada alrededor de la figura femenina ha demostrado el increíble poder y alcance del género femenino en esta época de pandemia y teletrabajo gracias a su compromiso, persistencia, vitalidad y dinamismo. Sacar adelante los múltiples proyectos personales, familiares y laborales, requiere de altas dosis de amor, autoconfianza, creatividad y disciplina.

El modo de pensar y sentir también es distinto en las mujeres y eso tiene mucho que ver con la Neuroplasticidad tan grande que tienen las mujeres y la gran energía y capacidad interior que tienen para ser mucho más resilientes y fuertes frente a los temas adversos que se presenten en el día a día para seguir mirando hacia adelante.

Es claro que en el mundo empresarial las mujeres están ganando terreno y teniendo mayor visibilidad cada día, pero este escenario sería una generalidad si recordaran que juntas son más fuertes, más poderosas y pueden potenciar equipos de trabajo felices logrando ser más influyentes en este mundo que tanto las necesita.

Motivación vs. Estrategia Empresarial

Podríamos decir, sin temor a equivocarnos, que en tiempos modernos esta pandemia ha sido uno de los mayores retos para las personas y las empresas a nivel mundial; y por tal razón, estas últimas, han buscado por doquier herramientas "disruptivas" que al implementarlas les permitan salir avante de la incertidumbre alrededor de esta coyuntura.

Algunas han debido excavar en su ADN o su esencia empresarial y han encontrado elementos valiosos allí, pero la verdad, es que todos han tenido que ampliar su panorama, estudiar tendencias y soluciones innovadoras que han llegado y ahora son parte de la nueva realidad.

Entre estas nuevas tendencias, se destaca en gran manera, la **humanización del trabajo,** la flexibilidad laboral acompañada de un equilibrio vida – trabajo, y todos estos elementos enmarcados en lo que es la **felicidad organizacional.** Además de lo mencionado, el nuevo panorama mundial, llegó a reforzar la importancia del involucramiento de la alta gerencia en cómo liderar y tratar a las personas.

La felicidad en el trabajo representa una cuestión de gran importancia, ya que la mayor parte de los seres humanos trabajan tanto por necesidad como por deseo: es una fuente no solo de ingresos, sino también de puesta en práctica de capacidades y habilidades personales, de enfrentar desafíos y de la propia realización personal (Moyano Díaz, Castillo Guevara, & Lizana Lizana, 2008). Tanto es así que a quienes les gusta su trabajo no lo dejarían aun cuando no necesitaran el dinero (Argyle, 1992).

El éxito de una transformación cultural depende en gran medida de que el CEO y los líderes de la alta dirección de una organización estén convencidos de ello, que prediquen con su ejemplo, (siempre hemos dicho que el ejemplo arrastra) y que se establezca una estrategia ganadora que permita fortalecer la gestión humana y así mismo, impactar de manera positiva los resultados y, por lo tanto, la rentabilidad anhelada. Para esto último, **la alta gerencia, empezando por la cabeza de la empresa, es quien debe formarse como Gerente de Felicidad Organizacional** y aprender la estrategia adecuada para transformar su cultura organizacional.

Otra de las lecciones que dejó el pasado 2020, es que, si se quieren obtener resultados diferentes, se tienen que hacer cosas distintas. Profundizando en este punto, consideramos pertinente plasmar las diferencias entre motivar, ser optimistas y trabajar en felicidad organizacional.

Muchas organizaciones se han visto en aprietos económicos y para salir de ellos, hay que hacer algo más que únicamente trabajar en temas de motivación que se limitan a charlas o talleres que duran pocas horas, alegran el momento, tienen alguna influencia en el entusiasmo, pero a la larga, no tienen un impacto profundo que oriente a los colaboradores hacia un mayor crecimiento personal y una mayor productividad.

Veámoslo así, para una persona una charla de motivación no servirá de nada a menos de que genere un nuevo hábito en su vida y cambie de alguna manera, su forma de hacer las cosas.

Hagamos una analogía con alguien que se inscribe en un gimnasio con la ilusión de bajar de peso, pero tiene poca constancia y disciplina. Es muy común que una persona se inscriba y asista la primera semana hasta 2 o 3 horas diarias. A la segunda semana, decida ir día de por medio porque su cuerpo está agotado y el entusiasmo ha mermado. Por allá a la cuarta semana, o al inicio del segundo mes, desiste del arranque de motivación que tuvo y se retira del gimnasio, con un dinero perdido y sin lograr su objetivo principal… la pregunta es ¿por qué sucede esto?

Esta ejemplificación nos indica que a menos que haya un diagnóstico certero, se realice una correcta planeación a partir de una estrategia centrada en las personas (y estamos hablando no sólo de lo que piensan sino de lo que sienten), todo lo que se haga se percibirá como acciones aisladas que quedarán en al aire y no cumplirán el objetivo para el cual fueron pensadas, que por cierto son valiosas, pero no son la única herramienta para trabajar.

Para evitar que se dé esta situación en el entorno empresarial, trabajar en felicidad organizacional, entre muchos otros factores, incluye entender y profundizar en toda la experiencia del colaborador, incluso antes de su ingreso oficial a la misma.

Una estrategia muy valiosa es conocer los sueños que tienen los colaboradores para poder motivarlos, ayudarlos y apoyarlos a lograr sus objetivos que sin duda alguna los hará muy felices y comprometidos con la organización. Adicional a ello, medir el grado de felicidad laboral de los colaboradores de una empresa permite ayudarlos a encontrar soluciones a los problemas que les impiden desarrollarse como profesionales exitosos y, por ende, a mejorar su rendimiento dentro de las organizaciones.

Para que haya transformación debe haber **3 cosas importantes: tiempo, recursos y esfuerzo.** El ser humano es sistémico, holístico e integrador, de ahí que todo se deba trabajar bajo la estrategia, con un diagnóstico de la cultura actual y las micro culturas que tienen las empresas, disposición para hacer un diagnóstico serio en felicidad laboral y una convicción de que habrá que transformar su organización hacia otros horizontes, de pronto no explorados, pero con la seguridad de estar iniciando la transformación de lo actual con data y cifras certeras hacia el camino laboral deseado.

Denegri, García, y González (2015) indicaron, en una muestra de adultos en Chile, que los elementos más vinculados a la felicidad y la satisfacción vital eran conceptos relacionados con la familia, los amigos y el amor, así como otros conceptos relativos al trabajo, las metas profesionales y las actividades recreativas.

También dentro de la psicología positiva, la medición implícita de la felicidad y el bienestar ya se ha abierto un cierto camino en los últimos años. Los mismos Greenwald y Farnham (2000) midieron la autoestima y el autoconcepto.

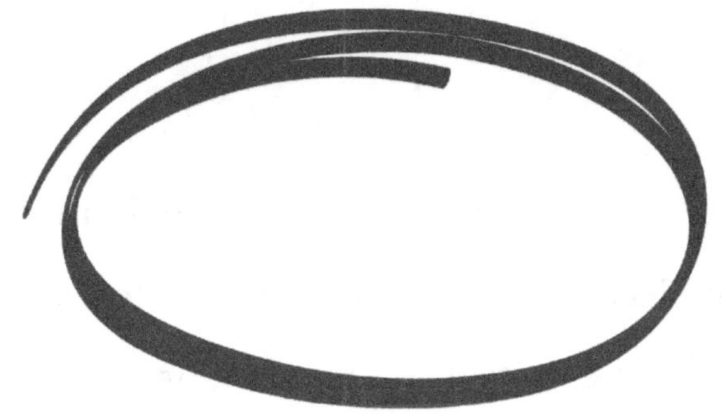

Capítulo 2.

Medir la Felicidad es Estratégico, Gestionarla Táctico.

La Real Academia de la Lengua define la **estrategia** como arte, traza para dirigir un asunto. En cuestiones empresariales la estrategia es la hoja de ruta que marca las pautas de acción para el desarrollo exitoso de su gestión.

Por lo tanto, implica que es a largo plazo y por el hecho

de ser general, sirve de guía para el actuar de cada parte de la organización. Para que se considere efectiva, los resultados deben poder medirse porque de otra forma no se sabría si funcionó o no.

La **táctica** empresarial, es en cambio, la forma en que se desarrolla o se ejecutan las tareas previamente fijadas con el fin de hacer cumplir la estrategia. Consta de prácticas o actividades específicas a corto plazo y no se puede separar de la estrategia puesto que es su fuente primaria.

La **estrategia** es el corazón de la compañía y entre otros elementos incluye los valores corporativos que representan convicciones de la alta dirección, definen el negocio y cómo se desea que las personas que trabajan allí interactúen entre ellas. Evidentemente, este mismo trato que se use al interior, se verá reflejado en los demás grupos de interés.

Por lo tanto, una empresa interesada en desarrollar y mantener una **cultura de felicidad** debe empezar por **promoverla como un valor o un eje estratégico** con lo que se pretende movilizar el compromiso de los colaboradores y la adhesión afectiva con su empresa.

También permitirá crear ecosistemas de alto valor para la sociedad si se logra traducir este valor en comportamientos y prácticas que se interioricen y se incorporen en la forma habitual de trabajar.

Esta visión de felicidad en la organización implica un enfoque ético en la gestión de personas, no sólo con el fin primario de alcanzar la rentabilidad anhelada, sino con la consciencia sobre la responsabilidad que tienen las empresas de ayudar a que las personas alcancen una mejor versión de sí mismos.

Medir la felicidad organizacional es estratégico pues estamos convencidos que, mediante la gestión basada en felicidad, es posible agregar valor a la organización, así como hacerla más humana, rentable y saludable.

El hecho de traer a colación conceptos tan ambiguos y que pueden tener interpretaciones subjetivas como lo es la felicidad, implica un esfuerzo mayor para encontrar argumentos que sustenten el apostarle a este camino. Afortunadamente, las neurociencias y la psicología positiva han hecho cada vez más estudios, descubrimientos y conclusiones mostrando las increíbles ventajas y resultados fructíferos para las personas y las organizaciones.

En Mide La Felicidad® entendimos que en torno a la felicidad organizacional hay que hacer un trabajo importante en sensibilización, hacer una detallada planeación, y cuando ésta se ejecute, se debe medir de manera periódica y sistemática para hacer los ajustes necesarios en la gestión gracias a la valiosa información que nos arrojan indicadores cuantitativos y cualitativos, pertenecientes a las dimensiones de nuestro modelo de medición **BhiPRO (Business Happiness Index Program).**

¿Cuáles Son las Ventajas de un Instrumento como el Modelo BhiPRO?

Para lograr una buena gestión del bienestar es fundamental su evaluación y medición, de lo contrario las decisiones y los resultados de cualquier intervención podrían resultar inocuas ante las condiciones de vida de las personas. El instrumento que en este libro se describe en sus rigurosas fases de análisis psicométrico, facilitará la evaluación y gestión de la felicidad al interior de las organizaciones.

Humanización del Trabajo

Cuando hay niveles de rotación tan altos en una empresa, debe revisarse con lupa qué nos está queriendo decir la gente, entender que las cifras no nos están hablando tan sólo del estilo de liderazgo que está primando en la empresa o de qué tanto la

Dirección General está prestando atención a las renuncias que, a veces dicen más que las palabras, qué tantos espacios de retroalimentación efectiva está brindando la organización para que sea ésta y no los compañeros de quienes se van los que se queden con el panorama completo de situaciones que se están presentando con regularidad al interior de la organización.

Una dupla perfecta es el ideal entre el colaborador y la empresa, aunque es claro que debe haber voluntad de parte y parte para alcanzar el estado deseado; dado que es la organización la que acoge a la persona que ingresa a trabajar, debe hacer un esfuerzo mayor y sostenido para hacer que la experiencia de quien allí llega sea realmente enriquecedora y contributiva que no desborde a los 4 o 6 meses en renuncias.

Aquellas empresas que se quedaron con prácticas obsoletas como las de ser impositivos, llamar la atención en frente de compañeros, no dar autonomía a los colaboradores por falta de confianza u ofrecer como beneficios las condiciones básicas, van a tener que cambiar sus prácticas porque, así como todo en la vida, el mundo empresarial está evolucionando.

En la actualidad se espera que los centros de trabajo sean diseñados pensando en su gente, en cómo facilitarles los procesos y procedimientos del día a día, en estarlos capacitando continuamente para que desarrollen mejor no sólo sus tareas, sino sus proyectos y se preparen para enfrentar los nuevos retos que les son asignados.

Los colaboradores también están recibiendo una formación integral, no solamente con respecto a conocimientos y actualizaciones en su área, sino ahora son más conscientes y exigentes con relación al buen trato y buenas condiciones laborales. El panorama no es como antes cuando las personas se "aguantaban" en ocasiones malos tratos por la necesidad de tener a cambio una retribución económica y una estabilidad laboral.

Haciendo una analogía con el mundo empresarial, no es la fuerza, la violencia ni los gritos los que van a lograr que se alcancen los objetivos organizacionales; sino que es con el buen trato, reconocimiento, amor y **FELICIDAD** como vamos a lograr que los colaboradores se sientan tan a gusto para que den lo mejor de sí y van a volverse más productivos e innovadores haciendo a la organización más rentable.

Parte de la responsabilidad de una empresa es velar por el bienestar de quienes trabajan allí y no se debería permitir ni promover el que haya personas que se vayan a trabajar a otro lado por menos salario o incluso que renuncien sin siquiera tener ninguna otra entrada económica, tan sólo porque han llegado al límite por la infelicidad y se ha contribuido tristemente al desarrollo de una baja autoestima.

La invitación es a que las empresas sean conscientes de que sus integrantes tienen sueños, metas, y que son seres integrales que no pueden dejar el corazón colgado en la puerta para ir a trabajar y que eso precisamente, es lo más lindo que una persona puede entregar a los demás para florecer en conjunto: **empresa, colaboradores y clientes.**

La Medición Mundial de Felicidad Organizacional

La Medición Mundial de la Felicidad es un estudio donde han participado colaboradores de distintas empresas respondiendo un sencillo instrumento (encuesta) de 1 minuto para determinar los niveles de felicidad de ellos en las empresas a nivel mundial y conocer qué planes de acción se deben implementar, a partir de 1 de las 7 dimensiones del Modelo BhiPRO (Business Happiness Index Program), **la dimensión de Felicidad Organizacional.**

Objetivos del estudio de la medición mundial de felicidad organizacional:

- Conocer los factores clave de la felicidad empresarial.

- Identificar qué aspectos restan a la felicidad de los colaboradores.

- Trabajar en los indicadores efectivos para la productividad y la rentabilidad.

El presente informe sigue abierto a través del siguiente enlace, a fin de que puedas participar en el mismo: **https://www.midelafelicidad.com/mediciones/medicion-mundial-de-la-felicidad/**

NOTA: ESTUDIO ABIERTO A TODAS LAS PERSONAS QUE TRABAJAN O HAN TRABAJADO Y QUE NOS DEJAN SABER QUÉ TAN FELICES SON O FUERON EN LAS ORGANIZACIONES DONDE LABORARON.

"Todos tenemos un ideal de trabajo, un propósito en la vida, cómo queremos vernos a nivel personal y profesional". En el mes de mayo de 2020, en medio de la pandemia del Covid-19, generamos la **Medición Mundial de Felicidad Organizacional.** Esta medición vino como parte de nuestro modelo BhiPRO (Business Happiness Index Program) compuesto por 54 indicadores dentro de 7 grandes dimensiones. Para el objeto de esta investigación, presentamos 19 indicadores de 1 sola dimensión llamada: **Felicidad Organizacional,** siendo la séptima de nuestro modelo BhiPRO.

Allí encontramos la calificación que indica qué tan felices son los colaboradores dentro de la organización, esa felicidad es vista desde varios aspectos sociodemográficos con sus respectivos indicadores. A la fecha de publicación de este libro, el estudio ha sido contestado voluntariamente por más de 2.200 personas de 29 países durante estos momentos tan críticos para los colaboradores en las empresas y una gran parte ha sido desde sus hogares laborando.

Encontramos que, en una escala de 0 a 100 puntos, (en donde las notas más bajas es 60 puntos hacia abajo y las más alta son de 80 punto en adelante), el indicador global está en 52/100 puntos, lo cual nos evidencia que hay infelicidad por parte de los colaboradores y que se deben trabajar diferentes variables que presentan notas más bajas al indicador global dentro de la presente medición.

La medición mundial de felicidad organizacional muestra que el liderazgo y la comunicación que siempre han sido temas tan estratégicos y fundamentales para las organizaciones, no se están practicando en el teletrabajo como hubieran esperado los colaboradores; al contrario, en muchas compañías se hizo visible quiénes de verdad lo tenían muy arraigado y quiénes desafortunadamente no tanto.

Comportamientos por Países:

Al revisar el ranking por países (información parcial a la fecha de los 29 países que han contestado la medición) se encuentra que aquellos con notas más bajas son Cuba y Puerto Rico con nota de 26 y 30 sobre 100 puntos respectivamente. Al contrario, países como Canadá y México con 65 y 62 puntos sobre100 puntos respectivamente, notas que se encuentran por encima de la nota media del estudio global hasta ahora de 52/100 puntos.

LA MEDICIÓN NOS DEMUESTRA QUE LA FELICIDAD ORGANIZACIONAL SE PUEDE DIAGNOSTICAR DE MANERA OBJETIVA Y CUANTITATIVA PARA PODER ENCONTRAR LOS "DOLORES" QUE PRESENTAN LOS COLABORADORES, CON EL FIN DE TRABAJAR DIRECTAMENTE SOBRE ELLOS.

Al mirar en detalle la medición por género encontramos que definitivamente están en notas similares, pero en todo caso por debajo del umbral de 60/100 puntos que indica infelicidad organizacional.

Comportamiento por tiempo trabajado:

Cuando se revisa la felicidad organizacional por tiempo laborado en la empresa, los rangos entre menos de 1 año hasta los 3 años están en notas de 50 y 48 puntos sobre 100 respectivamente y los rangos de fechas que están más altas en esta medición, se encuentran ambas en 56 /100 puntos y entre rangos de 6 y 12 años, lo que indica que aquellos colaboradores que llevan menos tiempo en la empresa no están viviendo una buena cultura de felicidad organizacional y la comunicación entre ellos, sus compañeros y líderes no es la adecuada.

Medir el grado de felicidad de los colaboradores de una empresa permite ayudarlos a encontrar soluciones a los problemas que les impiden desarrollarse como profesionales exitosos y, por ende, a mejorar su rendimiento dentro de las organizaciones.

Al analizar los indicadores encontramos que, si bien es cierto tenemos notas bajas en general, el indicador "miedos y errores" está en 56 /100 puntos, lo que indica que los colaboradores, la mayoría desde casa, tienen un profundo miedo a cometer algún tipo de error porque, en muchas ocasiones, no cuentan con la información completa y/o los tiempos no son los idóneos, dado que están centrando el trabajo en tareas más que en proyectos claros.

Trabajar y tener sostenibilidad en el tiempo a partir de trabajar por las "Personas y Empresas Felices", encontrando cuáles son los "dolores" de los colaboradores en las organizaciones para la transformación de las culturas actuales de las empresas es el **primer paso de la FELICIDAD ORGANIZACIONAL.**

Indicador miedos y errores vistos por género:

HOMBRES: 59 /100 puntos

MUJERES: 54 /100 puntos

Promover la "autoestima" en los colaboradores es fundamental en las organizaciones dado que está en 43 /100 puntos. El cerebro reconoce y necesita trabajar en "recompensas", como ya lo hemos mencionado, mismas que no necesariamente son en dinero, pero que, a partir de trabajar en la seguridad de los colaboradores frente a su labor, la buena comunicación con los líderes y la coherencia en la estructuración de los proyectos y actividades que deben entregar, permitirán trabajar de una manera más concentrada, tranquila y feliz y, por tanto, mejorar la productividad y minimizar los errores:

Indicador autoestima visto por género:

HOMBRES: 45 /100 puntos

MUJERES: 42 /100 puntos

La pasión y el compromiso son los factores que permiten que las personas formen parte de un equipo, el mismo que le ayuda a su desarrollo profesional, personal, familiar y, de este modo, alcanzar su felicidad organizacional. En el seguimiento a la medición mundial encontramos que el indicador más alto es **"Feliz entorno familiar"** con 88/100 puntos y éste debería impactar positivamente al indicador **"Equilibrio vida laboral - vida personal"** pero con tan solo 61 /100 puntos se demuestra todo lo contrario.

Definitivamente se comprueba que para la gran mayoría de los colaboradores ha sido complejo trabajar desde sus casas al mismo tiempo que atienden sus otras obligaciones tales como: sus hijos, casa, obligaciones y demás temas familiares.

Los colaboradores definitivamente necesitan apoyo, guía, comprensión, entender que el trabajo se hace en equipo, en cooperación y que juntos aprenden y son más fuertes. En tiempos de cambio, el indicador de **"Adaptación a los cambios"** está afectado con 59 /100 puntos, siendo una labor importantísima de la empresa trabajar en apoyar y contribuir a que los cambios se vayan dando de manera más sencilla; es necesario aclarar que una adecuada gestión de cambio no es sólo comunicación.

De todos modos, todo no está con bajas notas. Los colaboradores reconocen que sienten orgullo por la empresa en la que laboran, siendo el indicador de **"orgullo"** una de las notas más altas del estudio hasta el momento con 74/100 puntos. Otro tema fundamental que se presentó es que, algunos líderes empezaron a indicarles a sus colaboradores qué hacer y cómo hacer su trabajo con seguimientos excesivos, lo que terminó por aburrir y volver infelices a una gran parte de ellos, que además se encuentran bastante capacitados para sus funciones en las organizaciones por sus altos niveles de estudio tales como, doctorado, maestría y especialización. Así se demuestra en la medición mundial de felicidad organizacional, que aquellas personas con mayor preparación son un grupo grande de colaboradores infelices.

Indicador adaptación a los cambios visto por género:

HOMBRES: 62 /100 puntos

MUJERES: 57 /100 puntos

Si nos centramos en el mundo laboral, la felicidad es el factor que actúa como indicador del grado de experiencia del colaborador al sentirse feliz con su puesto de trabajo, y lo es desde que éste afronta los primeros procesos de selección, hasta que abandona la organización. La Universidad de Harvard ha realizado estudios durante más de 75 años, en donde concluye que el dinero no te hace feliz. Ahora con la medición de felicidad organizacional lo que se demuestra es que no administrarlo bien "sí roba la felicidad de las personas en las organizaciones". Es así como el indicador de "promover educación financiera" está en 41/100 puntos:

Indicador promover educación financiera visto por género:

HOMBRES: 44 /100 puntos

MUJERES: 39 /100 puntos

Al final, de lo que se trata es de trabajar en la construcción, de manera organizada, de una cultura **"feliz dentro de las empresas"**. De forma que sea posible entender en primera instancia qué sienten y piensan los colaboradores, cuáles son sus anhelos dentro de la misma y de qué manera ellos son partícipes de la transformación de su propia felicidad en las compañías siendo creadores de dicha transformación en la cultura, pero como ya lo hemos dicho, en FELICIDAD ORGANIZACIONAL.

"Medir la felicidad sí es posible, pero sobre todo trabajar por una empresa que le apueste a trabajar en la felicidad de los colaboradores, mejorando los índices de productividad sí es alcanzable. Si se fijan los parámetros adecuados para llegar a esas metas que la conforman, la empresa logra alcanzar rentabilidades mucho mayores de las actuales".

En años anteriores 2018 – 2019 (antes de pandemia) habíamos aplicado BhiPRO a países como Colombia, Panamá y México, con el ánimo de contar con un ranking que nos permitiera entender cómo estaba el país en relación con las empresas que realizaban las mediciones de felicidad organizacional de estos países.

Definitivamente la medición mundial de felicidad organizacional trajo resultados desalentadores. Habían caído las notas 20 puntos en estos países, lo que se entiende como infelicidad por parte de los colaboradores frente al manejo que están realizando las empresas y qué tan preparados estaban para afrontar una crisis de este tamaño, en dónde el cambio fue inminente y la comunicación se debía dar a todo nivel.

Por consiguiente, al crear unas colaboraciones interpersonales idóneas entre los miembros de esta, las metas tanto particulares como colectivas debían ser cumplidas, construyendo un ámbito gremial donde las necesidades sean satisfechas ayudando al desarrollo de las personas en un nivel integral (familiar, personal y profesional) (Ramírez Vargas, 2021; Mide La Felicidad®, 2021).

Algunas cifras comparativas frente a qué tan felices son los colaboradores en las empresas donde trabajan en los siguientes países antes de la pandemia son:

	2019	2021
México	76	66
Panamá	70	57
Colombia	69	51

ESCALA: +80 (75-79), 70-74, 61-69, -60

(Mide La Felicidad®, 2021)

Los colaboradores definitivamente necesitaban apoyo, guía, comprensión, entender que el trabajo se hace en equipo y que juntos aprenden y son más fuertes.

La cultura organizacional por otro lado tomó partido dependiendo de qué tanto la compañía trabajaba en temas de apoyo, ayuda colaborativa, dejar proponer y hacer a los colaboradores que cada día se enfrentaban a situaciones nuevas, cambiantes y sin una mentoría bien realizada por quienes los lideraban.

Otro tema fundamental que se presentó fue que a un gran número de profesionales empezaron a indicarles que hacer y cómo hacer su trabajo con seguimientos excesivos que terminó por aburrir y volver infelices a una gran parte de colaboradores, que además se encuentran bastante capacitados para sus funciones en las organizaciones.

En conclusión, algunas de las mediciones de felicidad organizacional a colaboradores que hemos realizado a empresas clientes de Colombia, México y Guatemala encontramos los siguientes resultados desde 2018 hasta 2020:

El 67% de los colaboradores se muestran infelices en su puesto de trabajo, y que, a su vez, el 50% de ellos dicen que les gustaría que mejorase la relación entre sus jefes y compañeros. Otro 50% piden ser escuchados en sus respectivas labores de cada día en sus trabajos.

Al igual que con los jefes, lo mismo ocurre con los compañeros de trabajo, y es que, **el 38% indican que existe una importante falta de compañerismo** en el día a día de las empresas en las que trabajan.

Como dato destacable tenemos que el **58% de los colaboradores expresan no poder hablar abiertamente de sus miedos, inseguridades y errores en cuanto al desempeño de las tareas,** pues en estos casos, más que ayuda, lo que realmente prima es el señalar a culpables.

Para el 90% de los colaboradores es importante ver cómo las compañías impulsan la felicidad en las mismas, fomentando el trabajo en equipo, los ambientes de trabajo agradables y los climas de colaboración con cultura en felicidad organizacional.

7 de cada 10 colaboradores utilizan día a día parte de su tiempo de trabajo para consultar sus redes sociales profesionales buscando nuevos horizontes laborales que los hagan sentir más felices.

Además de estos últimos, en las empresas suelen existir los que se conocen como colaboradores "rehenes", quienes suelen llevar periodos de 5 a 10 años o hasta más tiempo en la empresa y que se mantienen porque no han encontrado una nueva oportunidad que les convenza.

Otro de los aspectos analizados en el estudio son las **expectativas**, que se comparan con las experiencias reales experimentadas más adelante por el individuo. Se trata de **"entrar al pasado para entender cómo está el hoy"**.

En la medición de la felicidad organizacional BhiPRO también se hace un análisis sobre el **nivel de pertenencia,** pues "todos tenemos un ideal de trabajo, un propósito en la vida, cómo queremos vernos a nivel personal y profesional", así como del grado de ausentismo y rotación dentro de la compañía.

Felicidad Laboral, Nueva Tendencia en el Mundo

Somos seres sensibles que necesitamos del otro para el trabajo en equipo. Cada día miles de personas entregan su tiempo y su atención a una organización; dejando de estar con su familia entre el 50% y 60%, atender sus otros roles mientras atienden las asignaciones del día a día en empresas que claramente no son las suyas.

A pesar de que hay profesionales con una muy buena formación académica y amplia experiencia profesional, no se les da la autonomía necesaria para brillar en sus trabajos como podrían hacerlo porque tienen superiores que necesitan controlarlo absolutamente todo.

Debido a que los puestos de trabajo en una estructura organizacional son limitados, uno de los deberes de los empleadores es establecer planes de carrera para todas las personas en la organización dado que no todos podrán ascender, pero sí adquirir continuamente nuevos conocimientos y herramientas que les permitan desempeñarse mejor en su cargo actual y en cargos futuros, bien sea ahí o en otro lugar.

Eso garantizaría que, aunque una persona dure muchos años trabajando en un mismo sitio, sienta que está en continuo aprendizaje y que ha sido una experiencia realmente enriquecedora para su vida.

Vale la pena apostarle a la felicidad organizacional, aún más cuando desde las neurociencias se ha demostrado que aquellos que son felices y trabajan de esa manera son mucho más comprometidos, dinámicos y productivos puesto que realizan labores en menos tiempo y con mayor calidad y precisión; lo que los convierte en personas muy rentables para cualquier empresa.

Medir la Felicidad en las Empresas es Estratégico

La estrategia en la que se están enfocando las empresas a trabajar a partir de la felicidad de sus colaboradores, con un plan definido y unos objetivos claros para conseguir colaboradores y clientes felices en las organizaciones.

Los colaboradores deben tener experiencias maravillosas vividas en la empresa, como la única manera para que realmente sean innovadores, propositivos, ágiles y efectivos y de este modo las empresas se conviertan en productivas y muy rentables.

En todas las empresas existe una máxima que dice: "si no se puede medir, no se puede cuantificar la realidad y planear".

Y si esto es cierto, ¿por qué las organizaciones siguen con la duda de **medir la felicidad de sus colaboradores en sus empresas?**

Existe un gran temor en los directivos de las organizaciones de conocer en realidad lo que están "pensando" los colaboradores en las empresas, más que lo que están "sintiendo"; y la realidad es que la medición no está dada únicamente hacia su liderazgo, existen muchos aspectos adicionales que se tiene en cuenta en las empresas y que se deben cuantificar y conocer para poder trabajar en un plan de acción cierto y dirigido hacia lo que realmente necesita que se trabaje en los colaboradores.

La gran apuesta a futuro que está orientando a los directivos y empresarios es decidirse por transformar la cultura organizacional teniendo como eje principal la felicidad, que se realice un diagnóstico correcto, profundo y medible para poder trabajar desde el **SER HUMANO** con indicadores de manera cuantitativa y cierta.

La metodología de Mide La Felicidad® BhiPRO (Business Happiness Index Program) colaboradores, permite identificar qué tan felices son las personas en las empresas, con la medición los equipos directivos tienen indicadores claros para redirigir el rumbo de la cultura organizacional, y acompañar a los miembros del equipo en su desarrollo personal y profesional de una manera muy objetiva.

Nuestro modelo BhiPRO para colaboradores se encarga de medir el grado de felicidad de los colaboradores de una empresa; permite ayudarlos a encontrar esas soluciones a los problemas que les impiden desarrollarse como profesionales exitosos, y por ende mejorar su rendimiento dentro de las organizaciones.

Por tanto, medir la felicidad organizacional sí es posible y a través del Modelo **BhiPRO que, a través de 7 dimensiones y 54 indicadores, la matriz de sueños y la información cualitativa se tiene un diagnóstico profundo en la empresa.**

Al final del día la pasión y el compromiso fueron los factores que permitieron que las personas formarán parte de un equipo, el mismo que les ayuda a su desarrollo profesional, personal, familiar, y por qué no decirlo alcanzar su bienestar y felicidad.

Con todos estos elementos, la **construcción o transformación de una cultura organizacional** exitosa es mucho más fácil, con menores resistencias y optimizando las inversiones que se hagan. En tal sentido, con el modelo se tendrá una visión de toda la organización, pero sobre todo se logrará entender a profundidad en sus indicadores bajos que tienen los colaboradores y cuáles, son de manera más objetiva los temas que motivarían a los mismos a ser más felices y productivos dentro de la organización.

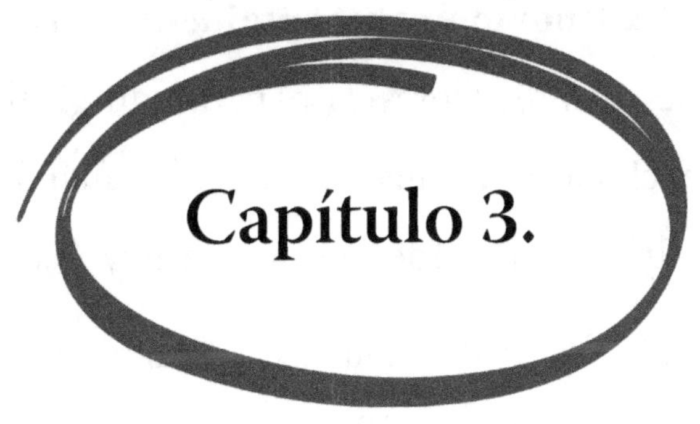

Capítulo 3.

El Modelo BhiPRO

Figura 1.

Dimensiones del modelo BhiPRO.

Nuestro modelo BhiPRO (Business Happiness Index Program) para colaboradores se encarga de medir el grado de felicidad de los colaboradores de una empresa.

BhiPRO colaboradores permite identificar cómo los equipos directivos tienen indicadores claros para redirigir el manejo de la cultura organizacional, y acompañar a todos los miembros en su desarrollo personal y profesional de una manera muy objetiva y asertiva.

El Modelo BhiPRO (Business Happiness Index Program) que se presenta en este libro, es el producto de múltiples pruebas con rigor científico que buscaron establecer la mejor versión de un instrumento que contara con criterios óptimos de fiabilidad y validez. Así, el objetivo es mostrar la evidencia empírica que ha logrado captar sobre la eficiencia del Modelo y de sus bases teórico-prácticas. Los indicadores de confiabilidad, de validez y estandarización expuestos son testimonio de un instrumento con características psicométricas idóneas para su aplicación en población latinoamericana e hispanohablante, aunque no es limitativo, puesto que sus puntuaciones y pautas de interpretación pueden generalizarse a otras regiones del mundo si el modelo cuenta con las muestras necesarias.

En definitiva, se está frente a un instrumento psicométrico construido con rigor científico y académico que está al nivel de muchas escalas, inventarios, test psicológicos y cuestionarios que evalúan de forma confiable y válida distintos constructos teóricos que veremos más adelante.

Las dimensiones del Modelo BhiPRO son: Expectativas, Realidad, Beneficios, Agrado, Pertenencia, Cultura y Rotación, y Felicidad Organizacional; las cuales te vamos a presentar con gran detalle a continuación.

Expectativas

El primer paso que aplicamos en nuestro modelo es medir las expectativas. Todos tenemos sueños, pero la frustración llega cuando la realidad se aleja de esos ideales de vida. El proceso lleva a que el colaborador, tanto de forma racional como emocional vuelva al pasado, a fin de recordar qué expectativas tenía antes de ingresar a la compañía, y qué pensaba y sentía en ese momento, sí sería feliz, y cuanto se podría realizar profesional y personalmente.

Estamos seguros de que recuerdas ese primer día en alguna o en todas las empresas donde has trabajado, **por esto es por lo que nos vamos a las expectativas, para romper la subjetividad, para que no pienses que vas a calificar únicamente lo que estás**

viviendo hoy, de manera emocional, sesgado por el último momento vivido solamente, sino toda esa experiencia que has recorrido durante el tiempo que llevas vinculado a una organización.

Todos los seres humanos nos movemos por expectativas en la vida, en las relaciones, con una persona en la primera cita, cuando vas a leer un libro o ver una película... Así mismo sucede cuando ingresamos a una organización, y estos son los indicadores que aplicamos:

- **Cumplir metas y sueños:** Es el pensamiento del colaborador cuando ingresó a la empresa, que tanto esperaba que pudiera cumplir sus metas y sus sueños en su nuevo trabajo.

- **Expectativas cumplidas:** Es la percepción de que tanto el colaborador pensaba que podía ser que se cumplieran sus expectativas de realización profesional, personal y familiar, dentro de la labor que realiza en la compañía.

- **Imagen de la empresa:** Esa imagen positiva o negativa que tenía el colaborador de la empresa a la cual está ingresando, de acuerdo con todo lo que ha escuchado por terceras personas o por diferentes fuentes, incluso las redes sociales.

- **Ser feliz:** Es la proyección imaginaria del colaborador en el momento que se hace efectiva la contratación, y que es generada no solamente por lo que ha escuchado antes de ingresar a la empresa, sino por el trato y esa primera experiencia que ha podido experimentar durante el proceso de selección y contratación.

Realidad

Medir la realidad es el segundo paso: El cómo me siento hoy, cómo estoy, cómo me siento en la empresa, entender de acuerdo con las expectativas que tenía inicialmente, qué tanto se han cumplido o no. Esta es la medida para iniciar un nuevo camino o redirigir los esfuerzos de la organización.

Medir cómo es el día a día **que tiene el colaborador en todos los momentos de verdad con la empresa, sus compañeros, sus pares y sus jefes;** esto es muy importante ya que aquí es donde empezamos a identificar ese sentir del colaborador, no sólo lo que hace, no sólo lo que ve, sino realmente lo que está pasando por su corazón y por su mente, los indicadores son los siguientes:

- El primer indicador se llama **cumplimiento de expectativas:** Es la evaluación de la realidad actual del trabajo que ha tenido, a lo largo del tiempo vinculado con la empresa, comparado con las expectativas que tenía antes de ingresar a ser oficialmente un colaborador.

- **Empresa ideal:** Es la comparación que tiene el colaborador de su trabajo actual frente al trabajo ideal, ese trabajo soñado que todos tenemos en nuestra mente.

- **Expresar emociones:** Qué tanto al colaborador se le permite expresar libre y abiertamente sus emociones frente a temas o sucesos que pasan en el día a día, el trabajo cotidiano sin censuras por parte de los líderes de la empresa.

- **Herramienta para cumplir metas:** Se evalúa que tanto la empresa facilita esas herramientas que son necesarias, para que el colaborador pueda cumplir sus metas y sueños a nivel personal, profesional y familiar.

- **Ser feliz:** Es la comparación de la expectativa que tenía el colaborador que sería feliz antes de ingresar a la compañía, frente a la realidad de sus vivencias, en ese día a día cuando ya ha sido contratado y todo el relacionamiento que ha tenido al interior de la empresa.

Beneficios

Las personas **trabajan por un salario y lo más probable es que pocos estén de acuerdo con la remuneración que reciben,** pero no todo es dinero; identificando los beneficios, la cual es la tercera dimensión de la medición, la empresa puede conocer más a fondo la construcción o mejora de este salario emocional en los colaboradores, qué tanto los está impactando y qué tanto se está trabajando en sus metas y sus sueños.

Esta herramienta se customiza (se hace a la medida) para que la empresa tenga medido que tanto los colaboradores conocen sus beneficios, los usan, les parecen importantes, o si alguno de ellos se podría cambiar por los sueños de sus colaboradores. Aquí es muy importante tener en cuenta lo que siente, vive y piensa cada uno de los miembros del equipo, por eso se les permite a los colaboradores proponer nuevos beneficios, construir nuevas alternativas de forma general, que permita que la organización también crezca y se vea beneficiada, a continuación, los indicadores:

- **Beneficios para la Familia:** Que tanto los beneficios que recibe el colaborador por parte de la empresa tanto material como emocional, logran vincular a su familia directa o indirectamente. Toda organización debe aprender a cuidar a su colaborador y a su familia, que los beneficios sean extensibles: a sus hijos, padres, hermanos... Así se inicia, por promover el cumplimiento de sus metas y sueños, esto ayuda muchísimo al vínculo del colaborador con la organización.

- **Beneficios versus metas y sueños:** Los beneficios que recibe el colaborador ya sea material o emocional aportan a la consecución de sus metas y sus sueños personales y familiares. Si no están enfocados, si no van hacia el mismo horizonte, van a tomar rumbos completamente diferentes; el colaborador siempre va a salir a buscar sus propias metas y sueños, y si los beneficios no lo apoyan, no los van a considerar importantes.

- **Burocracia:** Qué tanto micro Management existe en la empresa y qué tanta burocracia hay en los líderes y procesos de la compañía, existe complejidad para implementar propuestas o proyectos nuevos; la burocracia en toda organización es lo que más les hace daño a los colaboradores, no poder acceder tranquilamente a comunicarse con su líder, hacer nuevas propuestas, tener procesos complejos que no le permitan ese acceso y ese avance, hace muchísimo daño y el colaborador incluso pierde las ganas de trabajar y la emocionalidad positiva para avanzar y ser propositivo.

- **Calidad de Vida:** Cómo es la calidad de vida que percibe el colaborador, no sólo dentro de la organización, sino también por fuera laboralmente al lado de sus equipos de trabajo: es colaborativo, es positivo, puede ser creativo; pero por fuera de la organización cómo vive, cómo se transporta, cómo percibe que el esfuerzo y todo lo que le está dando la organización le está permitiendo construir una calidad de vida adecuada.

- **Salario y Beneficios:** Los beneficios tanto materiales como emocionales son muy importantes para el colaborador, y su peso en la recordación de este es igualmente importante que su salario; la parte económica es fundamental en todo colaborador y tener un buen salario tanto a nivel material como emocional le va a permitir elevar sus niveles de compromiso con la organización.

Agrado

¿Hay agrado en lo que hago? Muchas personas gastan años en descubrir si esto es verdadero, otros se sienten atrapados en sus funciones diarias, la cuarta dimensión es agrado, referido a un ambiente adecuado, una dirección oportuna, una participación con el reconocimiento amable, es entender las brechas existentes entre el ideal de trabajo que tiene el colaborador, con la labor que desempeña en la actualidad; y si hay orgullo por pertenecer a la empresa donde actualmente labora, y que tanto se desarrolla personal, profesional y laboralmente en la compañía.

Esto es muy importante porque si no nos gusta nuestra labor, si no sentimos esas "cosquillitas", si no sentimos esas ganas de levantarnos todos los días a prestar nuestro servicio, nuestra labor en una organización, vamos por el camino equivocado y por eso es muy importante medirlo, a continuación, los indicadores:

- **Capacidad de Perdón:** Qué tanto los líderes de la empresa logran perdonar los errores que cometen sus colaboradores sin ejercer presiones psicológicas y recordación constante en el tiempo, y apoyan hacia el aprendizaje en positivo de estos mismos errores.

- **Equilibrio de Vida Laboral y Personal:** Qué tanto hay equilibrio entre los tiempos de trabajo (tanto en el sitio de trabajo como en el trabajo remoto) que le permitan al colaborador llevar una vida plena y feliz en familia. Este es uno de los aspectos que más valoramos los seres humanos.

- **Preparación Personal:** Se refiere no solo a que haya un plan de carrera para los colaboradores; si la empresa es muy plana y no hay oportunidades de ascenso, también se mide qué tanto la empresa apoya en el conocimiento y las aptitudes hacia mejorar el rol y el perfil para su trabajo y tener una mayor experiencia y retos para el colaborador.

- **Programa de Reconocimiento:** Se mide si existe en la compañía de forma estructurada, si se tiene por escrito dentro de las políticas y los procesos, si hay un verdadero programa de reconocimiento de parte de los líderes hacia los colaboradores, en donde haya una cultura del agradecimiento, donde se celebren esos pequeños triunfos, donde se reconozcan hasta las más pequeñas victorias. Este indicador es uno de los que más fortalece a las organizaciones, un verdadero programa de reconocimiento es el verdadero impulsor para el resto de los indicadores y genera mayor compromiso en las personas.

- **Potencial Profesional:** Qué tanto la empresa a través de sus líderes conoce y aprovecha el mejor potencial de los colaboradores en sus roles profesionales diarios o solo se limita a dar órdenes e indicarles qué hacer; no hay nada peor que decirle a un colaborador que está supremamente preparado, qué es lo que tiene que hacer y no dejarle sacar todo su potencial que le permita proponer, crear, participar, innovar... las organizaciones deben dar alas a sus colaboradores, no cortarlas.

Pertenencia

El compromiso de los colaboradores, de sus profesionales con la empresa se ve en la pertenencia que sienten de la misma. Debemos apostar por tener colaboradores leales, convencidos de **siempre "ponerse la camiseta de la compañía",** representar esa identidad que se requiere para su desarrollo integral, vivir esa marca. Es entonces que la pertenencia, es la quinta dimensión de nuestro modelo **BhiPRO y a continuación se presentan sus indicadores:**

- **Buscar Trabajo:** Si el colaborador no está feliz en su trabajo permanece constantemente en la búsqueda de otro. Es un indicador que llama mucho la atención, porque ahora la tecnología permite que desde el lugar donde estemos, sea dentro de nuestro trabajo, en nuestra casa o en el transporte público, podamos estar buscando trabajo. Si, un colaborador que no es feliz dedica gran parte de su tiempo a estar buscando nuevas oportunidades en otras organizaciones, en vez de ser productivo y por ello, le está generando pérdidas a la organización.

- **Orgullo:** Qué tan orgullosos se sienten nuestros colaboradores en la organización, lo que indica, qué tanto viven y sienten su marca empleadora. Pero debe ser en todo momento y en toda circunstancia, no únicamente dentro de las instalaciones de la organización o la empresa, o cuando tiene "puesto el uniforme"; deben ser los 7 días de la semana, las 24 horas del día, porque cuando la empresa invierte en colaboradores que se sienten orgullosos de pertenecer y representar su institución, se va a ver reflejado en cada dólar que se invierta; eso significa que a futuro se puede fortalecer la relación que se tiene entre el colaborador y su marca empleadora.

- **Recomendación a Colegas:** Es la disposición que tendría el colaborador de dar una excelente opinión acerca de su trabajo y a invitar a otros colegas a trabajar en la empresa.

Cultura y Rotación

Esta dimensión de la medición se encuentra en la cultura y la rotación. **El conocimiento se escapa a la competencia,** ese profesional puede ser la diferencia; la lealtad de manera recíproca genera una cohesión fundamental en la supervivencia de la empresa, y nos permiten identificar toda la cultura organizacional, y **también las micro culturas** que se viven en la compañía.

Adicionalmente es entender la percepción de rotación que tienen los colaboradores y cuáles son los motivos por los que piensan retirarse, o las razones por las cuales han renunciado, o incluso se viven incapacitando.

Cómo lo decía Peter Drucker **"la cultura se desayuna a la estrategia"**, y muchas organizaciones se enfocan más en ser estratégicas que en construir una verdadera cultura en su organización, la cual se ve supremamente impactada cuando tiene una mediana o alta rotación.

El doctor Néstor Braidot a través de años de investigación, ha logrado demostrar que los seres humanos somos capaces de transmitir energía, y dentro de una organización la energía es la suma de cada uno de sus colaboradores, ayuda a mantener una cultura única; por lo tanto, la ausencia o el retiro de algunos de los colaboradores al perderse esta energía, ve impactada negativamente la cultura, la cual toma muchos años construirla dentro de una institución.

Los indicadores de cultura y rotación son los siguientes:

- **Ausencias o Incapacidades:** Datos reales sobre qué tanto faltan los colaboradores al trabajo por razón de estrés u otro tipo de enfermedades, y cuáles son las razones, tiene que ver con la percepción que tienen los colaboradores, qué tanto se ausentan, qué tanto se incapacitan, qué tanto faltan al trabajo, y con qué frecuencia sus mismos compañeros también lo hacen.

Son esas conversaciones internas que tienen unos con otros, contándose esas pequeñas cosas que les están afectando su calidad de vida, tanto a nivel personal como a nivel laboral, y que a veces los lleva a que no asistan a sus lugares de trabajo.

- **Renuncias y Retiros:** Es aquella percepción del colaborador frente a la rotación que se presenta en la empresa y cuáles son esos motivos por los que sus compañeros han renunciado a la compañía.

Esto no es un secreto, quien realmente sabe por qué las personas se han ido de la organización, no es el área de talento humano; cuando se hace una entrevista de retiro, son aquellos compañeros que se han quedado dentro de la organización y han conocido la experiencia que sus compañeros han vivido y qué los ha llevado a irse de la compañía, y estamos hablando de temas de: preferencias, malos tratos, acosos laborales, incluso el acoso sexual o el abuso, tan frecuentemente visto ahora hacia las mujeres.

Felicidad Organizacional

Séptima dimensión y la más grande de todo el modelo es felicidad organizacional. Aquí encontramos la calificación que nos indica qué tan felices son los colaboradores dentro de la empresa. Esa felicidad vista desde varios aspectos sociodemográficos. Adicionalmente el modelo BhiPRO tiene un componente muy importante, la matriz de sueños, que se entrega a la empresa, a fin de que uno de los primeros temas a trabajar sea el conocimiento y el apoyo en el cumplimiento de los sueños a los colaboradores y los sueños de la misma empresa.

Los siguientes son sus indicadores:

- **Buen Humor**: Mide cómo se vive en las distintas instancias de la empresa el buen humor de las personas, qué tanto ese buen humor, esa risa, es llevada a las reuniones y sesiones de trabajo en todos los niveles jerárquicos de la compañía

- **Miedos y Errores**: De qué manera son tratados por los líderes de la compañía los errores, esto hace que los colaboradores estén siempre temerosos a no proponer o hacer algo novedoso y distinto por miedo a represalias, que se puedan tener por pequeñas equivocaciones

- **Amabilidad y Alegría:** Qué tanto dentro de la compañía y sus colaboradores se vive y se expresa abiertamente las muestras de alegría, de respeto, de compañerismo.

- **Ser Escuchados:** Qué tanto siente el colaborador escucha empática por sus compañeros, líderes de la empresa que enfrentan experiencias no tan positivas.

- **Adaptación a los Cambios:** Qué tanto la empresa en cabeza de sus líderes permite la transformación y los procesos de gestión de cambio adecuados, para hacer mucho más movible la cultura de la empresa.

- **Buena Comunicación:** Qué tanto existe un proceso de comunicación interno robusto, que permita a los colaboradores estar enterados en tiempo real de las decisiones tomadas, en las directivas que deben ser ejecutadas por ellos.

- **Flexibilidad Horaria:** Qué tanto existe una forma de contar con horarios que estén manejados de manera diferencial, en ocasiones para los colaboradores no necesariamente es horario flexible.

- **Orgullo:** Qué tanto el colaborador se siente feliz y orgulloso de trabajar en la compañía donde labora y así lo expresa a sus amigos y familiares espontáneamente.

- **Positivismo y Buena Actitud:** Se refiere a la capacidad de enfrentar los nuevos proyectos, objetivos y desafíos que tiene la empresa con una excelente actitud y siempre viendo la mejor versión de los colaboradores.

- **Apoyo para Cumplir Metas y Sueños:** Qué tanto los planes de acción en temas de beneficios están centrados en apoyar los sueños realmente, y el colaborador los ha vivido como ciertos.

- **Camaradería:** Qué tanto existe un ambiente de trabajo basado en la amistad, las buenas relaciones laborales, el sano esparcimiento, el compartir con compañeros y jefes en las reuniones y actividades diarias de la empresa.

- **Equilibrio Vida Personal y Familiar:** Evalúa si el colaborador es feliz con los horarios que se tienen establecidos en la empresa, y los horarios que se van dando a lo largo de la vida laboral, entendidos como los horarios aumentados que en ocasiones se vuelven la costumbre.

- **Feliz Entorno Familiar:** Manifestación del entorno familiar en el que vive el colaborador, y el apoyo de éste para su felicidad.

- **Promover la Autoestima:** Qué tanto existe un ambiente basado en el ser humano y que apoya que los colaboradores trabajen con una autoestima muy alta en la organización.

- **Felicidad Valor Corporativo:** Se establece si la felicidad organizacional es trabajada por la empresa desde los objetivos estratégicos, y es un valor esencial dentro de la misma.

- **Liderazgo:** Qué tan felices se sienten los colaboradores con el estilo de liderazgo que se ejerce dentro de la compañía y que invite a la colaboración.

- **Promover Educación Financiera:** Qué tanto apoya la empresa para que el colaborador tenga las herramientas, conocimientos y elementos para la administración adecuada de sus recursos económicos.

- **Selección del Personal por Actitud:** Valorar e identificar en el personal nuevo en la empresa, qué tanto puede aportar a la cultura de felicidad, basado en su forma de ser y no sólo en su experiencia y conocimiento técnico.

Las empresas están entrando en transición de trabajar mayoritariamente bajo trabajo con motivación, creatividad y armonía en el **bien ser y bien estar** de la empresa mucho más que en las habilidades cognitivas y conocimientos técnicos necesarios para un buen desempeño.

Aplicaciones del Modelo BhiPRO

El Modelo BhiPRO cuenta con una amplia gama de contextos latinoamericanos en los que ha sido aplicado, sus puntuaciones no difieren mucho al interior del continente de habla hispana y puede ser constantemente probado en otras regiones del mundo y ajustado a estas condiciones espaciales y temporales.

El Modelo BhiPRO es un test informatizado, lo que facilita su proceso de aplicación y calificación a través del procedimiento de estandarización con el que cuenta. La gran muestra de colaboradores de centros de trabajo de distintas latitudes de América y otras regiones del mundo, hacen que sus valoraciones cualitativas sean precisas respecto a la medición de la felicidad en las organizaciones.

BhiPRO y su aplicación ofrece una **herramienta invaluable para el diagnóstico de la felicidad y el bienestar en las organizaciones,** permite el monitoreo de los niveles de felicidad, lo cual es fundamental para la efectividad de programas, políticas organizacionales y prácticas positivas entre los colaboradores (Eckhaus, 2018).

Capítulo 4.

Testimonios Metodología BhiPRO

Clientes que han aplicado en sus organizaciones la metodología:

Carolina Vargas de la Cooperativa Prosperando en Colombia

"Nuestra experiencia con el diagnóstico se puede describir como un antes y un después. Con el diagnóstico nos dimos cuenta de necesidades reales de nuestro equipo que, a pesar de enfocarnos en habilidades técnicas, si nos fue muy importante el ser. La productividad se incrementa".

Paola Gabriela de Leon de Comité Olímpico de Guatemala

"La experiencia con Mide La Felicidad ha sido enriquecedora y creemos firmemente que nos permitirá llegar a ser una institución con colaborares felices. Se han fortalecido vínculos y experiencias positivas".

Adela Montenegro empresa Super Efectivo en Colombia

"Nuestro programa de felicidad fue una experiencia de aprendizaje con actividades creativas, amenas y prácticas. Una experiencia que aportó a nivel personal y profesional. Vale la pena vivirlo".

Paola Filauri empresa Aliviamos en Colombia

"BhiPRO es una herramienta muy fácil de diligenciar, no obstante que es un formulario extenso, nos ayudó a profundizar, dado que tiene varias dimensiones y cada una de ellas toca un aspecto diferente y pudimos evidenciar varios aspectos en los colaboradores de la empresa, adicional porque tiene un componente cualitativo y otro cuantitativo".

Lisette Hermida empresa Lanco Medical Group en Panamá

"Mide La Felicidad® y su herramienta BhiPRO ha sido de gran ayuda para la empresa para entender en qué punto estamos con los colaboradores y qué podríamos cambiar para mejorar interna y externamente, el sistema BhiPRO es muy sencillo de usar y tiene versatilidad al usar los indicadores en diferentes formatos y vistas en los distintos aspectos sociodemográficos".

Líderes Emisarias Mide La Felicidad®

Patty Sánchez Burgos Emisaria de Panamá:

"Luego de 26 años de experiencia en gestión humana, afirmo con propiedad que el capital más importante de las organizaciones es su gente. La verdadera conexión con la gente y el mantener una escucha activa, es lo que no permite alinear una estrategia humana y productiva.

Creo en la felicidad organizacional como un valor fundamental, que debe reinar en las organizaciones de hoy, esas que quieren evolucionar y atreverse a hacer las cosas diferentes, con valentía y con grandes dosis de creatividad. En este sentido, el conocer una herramienta como BHIPRO, me confirma que es la fórmula perfecta para un diagnóstico acertado, empático y con un componente especial de corresponsabilidad.

El instrumento te hace un recorrido por siete diferentes dimensiones, que te invitan a una reflexión profunda como colaborador para responder con autenticidad. Es una herramienta amigable, cercana y humana.

Tener en mis manos el reporte de esta herramienta me hace decir ¡WOW, sí es posible! conocer el sentir del colaborador y unirlo a una estrategia organizacional. Así que te invito a medir la felicidad organizacional. Te invito a medir la felicidad organizacional".

Belinda Tuy Emisaria de Panamá

"La metodología BhiPRO colaboradores tiene para mí personalmente mucho valor y es una excelente herramienta para las empresas porque es el medio que permite determinar de forma acertada y con gran detalle dónde están esas áreas de la empresa que requieren de oportunidades de mejora y de la ejecución de acciones rápidas que lograrán que los colaboradores se sientan motivados, sean más productivos y por consiguiente se tenga una empresa más rentable.

Es una metodología que incluye indicadores específicos que me permiten irme al detalle de determinar si los planes de acción que debemos aplicar en nuestras organizaciones son en los hombres o mujeres de ésta, en qué departamento, si son los colaboradores que tienen 1, 5, 10 o más años en la empresa, y así muchísima más información que nos brinda el Modelo BhiPRO colaboradores.

El mundo cambió, y debemos ir acorde con estos cambios para el funcionamiento exitoso de nuestras empresas y apoyarnos en este tipo de herramientas que nos permiten determinar qué motiva a nuestros colaboradores, cuáles son sus sueños, qué esperan de nuestra empresa y que de verdad sientan que nos importan, que son parte de nuestra organización, que somos una gran familia donde todos colaboran por el éxito y felicidad de la organización, porque Colaboradores felices = Empresas felices y rentables".

Liliana Perdomo Emisaria Puerto Rico

Incursioné en la Felicidad Organizacional a mediados del año 2020, mi aterrizaje en este mundo se da con el propósito por encontrar nuevas cosas en un tiempo tan desafiante como era la pandemia, así que nuestra primera reunión con Diana Ospina me comentó acerca de Mide La Felicidad® (su empresa) y todo el proyecto de construir felicidad organizacional en las compañías. Esto fue algo que resonó en mi cabeza por varios días, yo vengo de una formación profesional donde medía todo el tiempo los riesgos a través de indicadores cualitativos y cuantitativos, así que la curiosidad y el deseo de aprender me llevaron a estudiar y sin más, me lancé a certificarme como Gerente de Felicidad Organizacional. Recuerdo el módulo IV, estaba relacionado a las métricas de felicidad y ¡wow, era lo mío! pero confieso que estaba algo escéptica de cómo podía medir la felicidad de los colaboradores en las empresas.

Escuché por primera vez de la metodología BhiPRO colaboradores, un modelo con 7 grandes dimensiones que me permitirían conocer desde la profundidad como está una organización desde su corazón: "los colaboradores" e identificar esos dolores ocultos que en la mayoría de las veces no se hablan pues permanecen como "puntos ciegos" y se convierten en paisaje.

Luego de ese diagnóstico que resulta de la aplicación de la metodología BhiPRO colaboradores, el siguiente paso es apoyar a las organizaciones en la construcción de una real cultura de felicidad organizacional desde acciones poderosas y rentables. Hay una frase que me gusta mucho de Zig Ziglar que dice: Si ayudas a las personas a conseguir lo que quieran, ellos te ayudarán a conseguir lo que tú quieres.

Trabajar en felicidad organizacional es una ventaja competitiva que posiciona a las organizaciones, y el punto de partida es la metodología BhiPRO colaboradores. Después de esta crisis de pandemia nunca seremos iguales y mi invitación es que los líderes escriban una historia diferente en sus organizaciones a partir de la transformación y construcción de la felicidad organizacional. Hoy soy una feliz Emisaria y Gerente de felicidad organizacional".

Natalia Espinoza Emisaria de Chile

"Hace años, ejerciendo la psicología clínica convencional, tuve la oportunidad de atender a muchos adultos, gracias a lo que pude notar que el gran tema por el que prácticamente todos buscaban tratamiento psicológico era: problemas de estrés producidos por sus jefes o compañeros de trabajo. Al darme cuenta de esta situación, surgió en mí la necesidad de dejar las intervenciones individuales para dirigirme a los grupos de personas en sus lugares de trabajo.

Ya son 7 años entregando servicios de bienestar para empresas y para mí, la metodología BhiPRO Colaboradores representa la pieza faltante a la hora de validar mi trabajo de bienestar organizacional, pues le da sustento y gran argumento de por qué se hacen estas intervenciones y qué se espera que se haga por las personas y empresas.

Además, esta poderosa herramienta de medición entrega

información valiosa y esencial para crear estrategias efectivas que permitan a la organización ser exitosa y rentable, a la vez que permite hablar en el lenguaje de directivos y quiénes toman las decisiones estratégicas de la compañía".

Vilma Iturralde de de León Emisaria de Panamá

"Medir la felicidad de los colaboradores, así como también la de los clientes, para lograr ambientes plenos de armonía laboral y relaciones comerciales positivas y fructíferas, es una tendencia en la nueva realidad, dado que poco a poco, se abren los espacios en el mundo corporativo para corroborar que la gente feliz es la que hace los negocios exitosos; y de igual manera, los clientes felices recomiendan altamente nuestros productos y servicios. Todo es una cadena de acciones producto de nuestro estado de ánimo, lo que al final nos procura la rentabilidad deseada.

Medir la felicidad es un proceso que existe desde siempre, no obstante, hoy vuelve a surgir con mayor impacto, principalmente por los escenarios que nos ha tocado vivir debido a la pandemia por Covid19. Estados de ánimo completamente impactados en las diversas esferas del ser humano en lo económico, social, emocional, espiritual, laboral, profesional, familiar. Es cuando mayormente el ser humano, busca los caminos para dar inicio a su propia transformación, ya que aprendimos a valorar más ese tiempo en desbalance, que no nos permitía tener balance con nosotros mismos y, por ende, con los demás.

Al medir la felicidad, tanto de colaboradores como de clientes, con la metodología del modelo BhiPRO podemos detectar situaciones puntuales que pueden transformar la cultura de las empresas y a partir de ese resultado obtener un diagnóstico certero, para dar inicio al diseño, planificación y puesta en marcha de acciones que transforman en éxito la cultura organizacional. Cabe resaltar que la metodología BhiPRO es científica, ha sido avalada por el Congreso Hispanoamericano de Negocios en Washington, DC, Estados Unidos y adicionalmente, cuenta con una dimensión que permite conocer la honestidad de los participantes en sus respuestas, sean estos colaboradores (la deseabilidad social).

Hoy más que antes, el futuro nos invita a ser diferentes, a pensar en el ser humano siempre y para ello necesitamos estar cercanos, comprometidos y confiar en nuestra gente. Los colaboradores son el corazón de una empresa y los clientes son el agua refrescante que necesitan cada día para seguir creciendo. El modelo BhiPRO, contribuye altamente y sin reservas con este objetivo de nuestra nueva realidad. Estamos constantemente, "midiendo la felicidad, sin fronteras" contribuyendo con el crecimiento, el éxito, la serenidad, seguridad y felicidad de las personas".

Capítulo 5.

Metodología BhiPRO: Basada en Evidencia Empírica

El trabajo por vocación se encuentra en el epicentro de la medición de la felicidad organizacional del modelo. El propósito de la investigación científica que está detrás del Modelo BhiPRO ha sido ofrecer un ***instrumento confiable, válido y estandarizado*** que mide la felicidad en las organizaciones, para ello se han explorado y ajustado propiedades psicométricas.

Estos estudios son relevantes para la eficiencia del modelo y su aplicabilidad, pues ofrecen la evidencia empírica que da testimonio del modelo, como una herramienta con rigor científico.

¿Se Puede Medir la Felicidad en las Organizaciones a los Colaboradores?

Este es uno de los interrogantes más grandes que se han tenido y para empezar a desarrollar la incógnita anterior, dividimos la investigación estudiada en 3 fases:

Primera fase: Se definió el **modelo teórico** que está anclado por las **definiciones** que desde tiempos remotos se conoce sobre felicidad personal y sobre todo en lo concerniente a felicidad empresarial, estableciéndose los principios rectores de sus diferentes experiencias y comportamientos emocionales del ser humano dentro del contexto organizacional, no tanto la felicidad vista desde el individuo sólo, sino en el ecosistema de las organizaciones.

Segunda fase: Se establecieron las **variables corporativas** que conducen a los equipos de trabajo a sentirse felices dentro del ecosistema de la empresa. Estos se manifiestan por dimensiones frente a la experiencia, las vivencias y, por ende, la emocionalidad generada por este cúmulo de momentos vividos que se presenta discriminada en ellos para los colaboradores en las empresas, partiendo sobre la base de las experiencias en cada uno de sus momentos de verdad que ayudan a las personas a ser o no ser felices en las diferentes formas en que se desarrolla el SER con la empresa y cómo este decide continuar trabajando allí, dado lo feliz que se siente en la organización.

Tercera fase: Se encaminó a entender el instrumento de medición en felicidad organizacional Bhi-PRO como el primer paso para iniciar la estrategia de felicidad organizacional en las compañías, basado en datos **psicométricos científicos y comprobados estadísticamente.**

Co crear con el colaborador en el diseño y rediseño de los momentos de verdad, la construcción, el manejo de los sueños y metas que tiene el colaborador y logro de las personas en ellas siendo empresas productivas, rentables y por supuesto felices y exitosas.

Primera Fase - Argumentación Modelos Teóricos y sus Definiciones

Son muchos los pensadores que a lo largo de la historia han reflexionado sobre los secretos de la felicidad y cómo conseguirla. A continuación, recopilamos las opiniones de algunos de los filósofos más importantes de la historia:

"No hay un camino a la felicidad: la felicidad es el camino".
Buda Gautama.

"El secreto de la felicidad no se encuentra en la búsqueda de más, sino en el desarrollo de la capacidad para disfrutar de menos". **Sócrates** (470 a. C.-399 a. C).

"El hombre que hace que todo lo que lleve a la felicidad dependa de él mismo, ya no de los demás, ha adoptado el mejor plan para vivir feliz". **Platón** (427 a. C.-347 a. C.).

"Las grandes bendiciones de la humanidad están dentro de nosotros y a nuestro alcance. El sabio se contenta con su suerte, sea cual sea, sin desear lo que no tiene" **Séneca** (4 a. C.-65 d. C.).

La felicidad como obligación: "Si estás deprimido, estás viviendo en el pasado. Si estás ansioso, estás viviendo en el futuro. Si estás en paz, estás viviendo el presente". Lao Tzu (601 a. C-531 a. C.).

Lao Tzu sostenía que la razón de su felicidad era vivir el presente. Quienes siempre piensan en el mañana o recuerdan **con nostalgia el ayer** solo generan ansiedad, estrés, y dejan de disfrutar el momento y la verdadera existencia.

"La felicidad; más que un deseo, alegría o elección, es un deber". **Immanuel Kant** (1724-1804).

Cuando comprobamos que hemos superado aquello que nos oprimía, según Nietzsche, es cuando somos felices.

"Es el sentimiento de que el poder crece, de que una resistencia ha sido superada". **Friedrich Nietzsche** (1844-1900).

La huida del dolor "He aprendido a buscar mi felicidad limitando mis deseos en vez de satisfacerlos". John Stuart Mill (1806 -1873).

John Stuart Mill, uno de los principales autores del utilitarismo, mantenía que **el deseo de ser feliz por encima de todos los demás deseos** (eudemonismo) se presenta en todo ser humano. Mill consideraba la felicidad como la búsqueda del placer y la huida del dolor, aunque no todos los placeres tienen el mismo valor, ya que los hay superiores e inferiores, y nuestras acciones deben dar preferencia a los primeros.

"De todas las formas de precaución, la cautela en el amor es tal vez la más mortal de la verdadera felicidad". **Bertrand Russell** (1872-1970).

"La felicidad es como una mariposa, cuanto más la persigues, más te eludirá. Pero si vuelves tu atención a otras cosas, vendrá y suavemente se posará en tu hombro". **Henry David Thoreau (**1817-1862).

"Felicidad es la vida dedicada a ocupaciones para las cuales cada hombre tiene singular vocación". José Ortega y Gasset

(1883-1955).

En palabras del propio Ortega: "Si nos preguntamos en qué consiste ese estado ideal de espíritu denominado felicidad, hallamos fácilmente una primera respuesta: **"La felicidad consiste en encontrar algo que nos satisfaga completamente"**. Para este filósofo y ensayista madrileño la felicidad se produce cuando coinciden lo que él llama "nuestra vida proyectada", que es aquello que queremos ser, con **"nuestra vida efectiva",** que es lo que somos en realidad .

Ha sido de tal importancia la felicidad para el mundo que cada 20 de marzo se celebra el **Día Internacional de la Felicidad.** Naciones Unidas, consciente de que la búsqueda de la felicidad como un objetivo humano fundamental, lo decretó en su resolución del 28 de junio de 2012 y desde 2013 se celebra este día en todo el mundo. Años dedicándole un día a sensibilizar, concienciar, llamar la atención sobre la felicidad en el mundo; años señalando que existe un problema sin resolver: que **la felicidad sigue sin orientar las políticas públicas,** o al menos no lo hace en todo el mundo.

Una de las mayores inspiraciones e impulsos que tuvimos de trabajar con cifras e indicadores objetivos que permitieran medir la felicidad en las organizaciones fue conocer que en Bután, un país aislado, en la frontera entre China e India, en pleno Himalaya: se encuentra el país que impulsó la creación de un día internacional que reconoce la necesidad de fomentar la felicidad en el mundo.

Bután, de hecho, reconoce desde principios de los setenta el valor de la felicidad nacional por encima de los ingresos nacionales: lo hace con un **índice como el de Felicidad Nacional Bruta (FNB),** que prioriza sobre el Producto Interno Bruto (PIB).

El estudio sobre cómo Bután puede medir y desarrollar esta FNB define la felicidad como una "experiencia subjetiva de afecto positivo" (Donnelly, s.f.). "Como emoción, la felicidad es intangible, salvo por su experiencia directa. El comportamiento feliz indica presencia de felicidad, pero no es la felicidad en sí misma" (Donnelly, s.f.). Esta definición es la que plantea ciertas dudas a la hora de identificar y realizar las métricas de la felicidad.

No obstante, lo divide en diferentes aspectos que son más o menos fácil de evaluar: salud, desarrollo personal, entorno social, vida social y diversiones, ambiente físico, relaciones interpersonales íntimas, finanzas y profesión o carrera profesional. La filosofía del desarrollo nacional de la Felicidad Nacional Bruta de Bután es un trabajo de Dasho Karma Ura, graduado en la Universidad de Oxford y con un Máster en Filosofía y Economía de la Universidad de Edimburgo.

[1]Todas las frases citadas anteriormente se extrajeron de Conrado, Noelia (2018). El secreto de la felicidad, según 12 de los filósofos más sabios de la historia. El Confidencial.com. https://www.elconfidencial.com/alma-corazon-vida/2016-07-04/secreto-felicidad-filosofos-nietzsche-kant-aristoteles_1226385/[1]

Karma Ura explica que su desarrollo de las métricas de la felicidad no tiene nada que ver con las matemáticas, sino con la comprensión de la inmediatez y la intimidad de las experiencias de las personas, que considera que lleva a un país a estar más cerca de medir el progreso real. Y pone el ejemplo de la calidad del aire: "Quizás el aire está muy poco contaminado en todo el país, esto lo sabemos en Bután, pero en algunos puntos se respira mal aire. No es cuestión de medir la calidad del aire, sino cómo se siente uno con la calidad del aire que tiene a su alrededor".

Bután no es uno de los países más felices del mundo, pero, no quiere decir que no se preocupe por la felicidad de su población. Y en eso es en lo que destaca el país. Cada cinco años, Bután publica su encuesta de felicidad en la que mide todas las variables antes mencionadas.

La felicidad es una prioridad absoluta para los reyes de Bután e incluso, su Constitución la posiciona en el primer artículo de su texto: "Solemnemente juramos fortalecer la soberanía de Bután, asegurar la bendición de la liber-

1

tad, garantizar la tranquilidad y realzar la unidad, felicidad y bienestar del pueblo eternamente" (Bután, paraíso en el Himalaya y creador del Día Internacional de la Felicidad, 2018).

En febrero de 2008, el entonces presidente de Francia, Nicolas Sarkozy, solicitó la creación de una comisión para medir el desarrollo económico y el progreso social después de conocer —y no aprobar— las estadísticas sobre economía y sociedad.

El objetivo de esa comisión iba a ser identificar las limitaciones del PIB como un indicador de desarrollo económico y progreso social, considerar qué información adicional se podría necesitar para la producción de otros indicadores relevantes del progreso social y evaluar la viabilidad de otras herramientas de métricas alternativas. La investigación realizada por la comisión mostró que es posible recolectar datos significativos y fiables sobre situaciones subjetivas, como la evaluación cognitiva de la vida, la felicidad o la satisfacción.

En 2010, el "premier" británico, entonces David Cameron, anunció que su Gobierno comenzaría a medir el bienestar de los ciudadanos, más allá de las riquezas, a través de una 'encuesta de felicidad'.Para que éste fuera un índice realmente fiable, el Gobierno pidió a la Oficina Nacional de Estadísticas de Reino Unido que elaborara una serie de preguntas que sirvan para medir la sensación subjetiva de los británicos respecto a su calidad de vida. Desde 2013, el Gobierno británico publica, dos veces al año —una en marzo y otra en septiembre—, una encuesta que evalúa 41 indicadores para determinar si ha habido mejoras con respecto al anterior estudio.

Ser, estar o sentirse feliz, es uno de los temas más buscados por las personas a través de Google y lo más mencionado en las personas y empresas que incansablemente buscan contar con la "Felicidad" en todos los sentidos. Según Google Trends en los últimos 5 años la palabra Felicidad en español tiene un promedio diario de búsqueda de 23 veces vía WEB y 17 en Youtube, y su traducción al idioma inglés Happiness tiene un número más alto, llegando a 72 búsquedas diarias en promedio en WEB y 51 en Youtube. Estaríamos hablando en que tan solo estos dos idiomas la felicidad ha sido buscada 93.187 veces desde el 2014 hasta el 2019.

El tema de la felicidad laboral es un poco incipiente, según el Manifiesto de la felicidad de Henry Stewart, todo el mundo quisiera trabajar en un lugar interesante y estimulante. Con frecuencia se dan a conocer en las listas de "los mejores lugares para trabajar".

Algunas empresas no han tomado conciencia de que cuando los colaboradores trabajan felices son mucho más creativos, productivos (aquellos que se sienten más involucrados y felices), buenos compañeros, tolerantes y, por lo tanto, más activos y valiosos para la organización y de este modo se vuelve un gran negocio para las empresas trabajar en felicidad.

Los colaboradores han aceptado sencillamente el mundo burocrático, jerárquico y controlador en el que nos tocó crecer, y damos por sentado que esas características son una parte inevitable de nuestra vida laboral. La única solución – aparte simplemente de "aguantarse" – es renunciar y convertirse en trabajador autónomo o en emprendedor independiente. En efecto, mucha gente opta por este camino y una vez se sale de la maquinaria corporativa, rara vez se devuelve a ella.

El punto clave es que vivimos en un mundo laboral en el que tantas actividades son tan monótonas y aburridas que la mayoría de las personas ni siquiera puede imaginarse una alternativa. Necesitamos modelos nuevos y apasionantes.

Las experiencias generan emociones y dependiendo de estas, es que el ser humano, a partir de las experiencias muy positivas y negativas genera en su cabeza en microsegundos un promedio y define una nota (un número). Así que más allá de preguntar el nivel de satisfacción, se debe preguntar qué tan feliz es la persona en lo que hace, en lo que vive a diario en todos sus escenarios, lo que siente. Todos estos factores influyen en el éxito de la empresa, adicionalmente de preguntarle a los colaboradores cuáles son aquellos temas que no le permite ser feliz en las organizaciones.

En una época en que los millennials no tienen problema en cambiar de trabajo de un mes a otro, estas bondades de las empresas resultan muy llamativas. Es más económico y rentable volver leal a alguien que ya hace parte de la nómina que vincular a alguien nuevo (Trabajadores felices, empresas exitosas, 2019).

En este orden de ideas, algunas preguntas claves planteadas para el modelo de medición fueron:

¿Se conoce qué hacen las personas felices?

¿Se sabe cómo gerencian la felicidad las empresas exitosas?

¿Se trabaja porque la felicidad sea un hábito?

Hay muchos lugares en los cuales es muy agradable trabajar. Son organizaciones donde las personas sienten que se confía en ellas, donde los directivos realmente brindan su apoyo; organizaciones que evitan la burocracia y las formalidades que suelen entorpecer la innovación (Stewart, 2015).

Si existen personas que sienten, ven y aseguran ser más felices en una organización que en otra, si las cifras de productividad, rentabilidad e innovación en una empresa que trabaja por el bien - ser más que por el bien - estar y se trabaja por la felicidad de sus colaboradores en las organizaciones se tienen medidas, quiere decir que la felicidad es viable, lógica y matemáticamente medible en ellas. Hay pruebas que demuestran que tratar bien al personal realmente produce utilidades financieras y de este modo la empresa es feliz y por ende exitosa.

Manifiesto de la felicidad es una invitación al cambio. A que los lugares de trabajo sean mejores y más felices para las personas, a mirar y evaluar desde una perspectiva diferente aspectos como la forma tradicional de guiar o más bien "ordenar" los gerentes o jefes dentro de una compañía, centrar los esfuerzos en lo que es necesario para que los colaboradores sean más eficaces siendo más felices.

Si los filósofos usan "felicidad" en un sentido de plenitud o vida buena, entonces sería necesario aclarar los términos distintos para evitar confusiones. La Felicidad, en el sentido sicológico, es un bien que podría ser un componente de la vida plena, pero también puede haber razones sólidas por las que tal vez no lo sea.

Y hablando de Felicidad, ¿qué es la Felicidad?

Científicamente se define la Felicidad como bienestar subjetivo.

La felicidad depende 50% de la genética, 10% de las cosas que no controlamos y 40% de nuestras propias decisiones. De ahí que se pueda decir que se es o no feliz y también que se está o no feliz (Sonja Lyubomisrky).

La pregunta que siempre se ha hecho el ser humano es "¿se puede ser feliz realmente?" y se encontró infinidad de pruebas en redes sociales que sugieren que es factible responder esta inquietud preguntando:

- Has pasado muchos años estudiando y ahora que terminaste tus estudios y que has conseguido ese trabajo que te gusta… ahora si ¿Te sientes feliz?

- O tal vez, ya tengas un hogar, una bella familia, unos maravillosos hijos y estás trabajando por darle una adecuada educación a tus hijos… creemos que con eso debería ser suficiente para ser feliz.

- Posiblemente tengas mucho dinero, seas exitoso, guapa o atractivo…así si eres feliz.

Si a pesar de haber alcanzado alguno de estos éxitos en tu vida has respondido que no eres feliz, quizá es que la felicidad no viene de donde te lo han hecho creer por muchos años y es que los Seres Humanos somos la única especie en el mundo con la capacidad de ser infelices, a partir del exceso de preocupaciones… y si por el contrario lo que hiciéramos fuera "ocuparnos más" en vez de "preocuparnos".

De acuerdo con un estudio realizado por la universidad de Harvard por más de 75 años demostró que las personas que vivieron con mayor plenitud fueron las personas que construyeron relaciones sociales, sentimentales y familiares más fuertes, capaces de darse apoyo frente a los grandes desafíos de la vida, que encontraron apoyo en sus empresas en los temas personales, profesionales y familiares, que encontraron una segunda oportunidad más allá de sus errores y que contaron con programas de reconocimiento que los llevaba a dar un paso cada día más adelante y a ponerse la camiseta de la empresa con la convicción que lo que haría por ella sería lo mejor y que del mismo modo sería valorado y reconocido por jefes, compañeros y personas a cargo.

La felicidad tiene muchas dimensiones y cuenta con características personales y de experiencia, acorde a cómo me siento (mi experiencia) en un momento o en un lugar realizando alguna actividad, esto me lleva a tener un determinado estado de ánimo en algunos momentos de mi vida.

Laboralmente hablando te sientes Feliz si…

- Existe en la empresa mentalidad positiva,

- Sentido y apoyo de tu trabajo,

- Camaradería,

- Si se apoya tu proyecto de vida personal, familiar, metas y sueños

- Si recibes reconocimiento,

- Si es bien manejado por la empresa tus miedos y errores, y

- Si la empresa y tu jefe se preocupan por ti.

Entonces eres feliz.

Las personas que son más felices tienen y asumen cambios positivos en sus vidas, produciendo emociones igualmente positivas que favorecen, por tanto, el bienestar a lo largo del tiempo de vida. Las estrategias que tienen mayor efectividad son la expresión de gratitud y tener conductas de bondad y amabilidad con sus amigos, colegas de trabajo y familiares, entre otros.

Otras alternativas que han demostrado efectos muy buenos sobre la felicidad son las afiliativas y de participación en comunidad, las del manejo de la inteligencia emocional, trabajar orientado hacia sueños y metas, aprovechar activamente el tiempo libre, ayudar a los demás o sencillamente relajarse, dedicarse a actividades religiosas y en general intentar ser más feliz cada día.

¿Podemos hacer feliz a los demás? La felicidad personal es un tema de "decisión" que está en muchas ocasiones influenciado por las circunstancias que nos rodean y las "experiencias" que vivo en mi hogar, con mi pareja, en mis estudios, en mi trabajo, en mi comunidad, etc.

De lo que se trata al trabajar en la felicidad empresarial, a partir de trabajar en:

- Creación de valor del Talento Humano, y la genuina gestión estratégica en Co Creación entre las personas y la empresa.

- Transformar y/o construir una Nueva Cultura en felicidad organizacional con planes de mejoramiento y monitoreo continuo, que produzca beneficios para todas las partes de manera innovadora y productiva, no es solo "arreglar lo que está roto" sino "evitar los daños", incorporando el esfuerzo por promover, aumentar y mejorar la cultura y el bienestar de los colaboradores hacia una innovación y productividad empresarial.

- Para David Lykken, genetista conductual y profesor de psicología de la Universidad de Minnesota, en Minneapolis, la mitad de nuestra sensación de bienestar depende de lo que estamos viviendo en determinados momentos y, la otra mitad, se debe a un nivel fijo de felicidad que está determinado genéticamente hasta en un 90 por ciento y al que volvemos después de vivir sucesos dramáticos.

La Felicidad Organizacional es el resultado de la permanente implementación de acciones que fomentan el capital humano en las organizaciones apoyados no solo de fundamentos teóricos, sino de un análisis profundo de medición de los colaboradores en las empresas.

Es importante diferenciar "felicidad organizacional" de "felicidad en el trabajo":

- Felicidad organizacional: capacidad de la organización para coordinar recursos de capital y una gran gestión que se traduce en "valor" para la compañía y un equilibrio financiero, y un bienestar social/laboral de las personas.

- Felicidad en el trabajo: es la percepción personal a partir de las experiencias vividas en cada uno de los procesos en las organizaciones, tales como: solicitud beneficios, vacaciones, reuniones, trabajo y muchos temas del día a día. (Ignacio Fernández, 2015).

Sócrates, Platón y Aristóteles. La felicidad no debe ser entendida como un bien supremo, además, la "eudaimonia" siguen siendo un concepto que generalmente se extiende a lo largo de toda una vida y no es un concepto episódico. Los filósofos estaban arrancando lentamente en el camino de la construcción social de la felicidad de metas y valores.

Sócrates convierte en el núcleo de su análisis filosófico de felicidad. En uno de los diálogos socráticos de Platón, el Euthydemus, Sócrates pregunta: ¿Qué es el ser que no desea la felicidad?, continúa… puesto que todos deseamos la felicidad, ¿cómo podemos ser felices? Y siglos después en Mide La Felicidad® en 2013 nos preguntamos ¿cómo podremos medir la felicidad organizacional?

Platón desarrolla una teoría teológica de la felicidad por primera vez en la historia de la filosofía, él estaba interesado en la relación de esforzarse y desear, en dónde sólo las personas que hacen el bien serán felices, pero la felicidad organizacional es más que hacer muchas cosas bien, es saber que aquellos temas que se realicen para la felicidad de los colaboradores teniendo como fundamento las experiencias vividas, los procesos realizados, la coherencia, conciencia y el deseo de la empresa, el cumplimiento de expectativas y una realidad vivida que tiene sentido y hace sentir bien a las personas son lo que marcarán que una empresa trabaje en felicidad o no.

Se empezó a manejar el concepto de la felicidad de manera subjetiva, sacando a la felicidad como el bien individual más elevado. Muchos, aunque no todos los filósofos siguieron viendo la felicidad como un bien individual.

Frente a la problemática en la que estamos trabajando si la felicidad es subjetiva, está medida por los sentimientos, la emocionalidad y la calidad de vida.

En un mundo en que las experiencias son las que calibran en la favorabilidad sobre un bien o servicio, el concepto también se puede llevar al plano laboral. En este escenario, la felicidad será lo que muestre que los colaboradores están satisfechos con sus trabajos, desde cuándo son seleccionados para el cargo hasta cuando dejan la organización.

"Todos tenemos un ideal de trabajo, un propósito en la vida, cómo queremos vernos a nivel personal y profesional" (Mide La Felicidad®, 2019).

Cuando la calidad de vida personal vida laboral está por encima la paga no es el elemento fundamental para motivarnos a trabajar dando lo mejor de nosotros mismos, normalmente es más importante para las personas la buena comunicación entre la compañía, jefes y compañeros, el reto asumido, la confianza y la libertad para hacer el trabajo a su manera. Es importante que los colaboradores sientan que tienen el control de su trabajo (Stewart, 2015).

Es allí donde términos como la felicidad, el bienestar subjetivo y la satisfacción tienden a confundirse entre las diferentes personas, dado que se juzga desde un punto de vista superficial, se ve solo hacia el interior, dejando de lado que las personas se mueven por los estímulos que observan, sienten, y escuchan.

Cuando los colaboradores trabajan en un ambiente divertido, invita a ser mucho más disruptivo, a tener mejor actitud, a cambiar el trabajo de una manera más efectiva y eficiente para los clientes y la misma organización y por ende la gerencia se vuelve más divertida, trabajan bajo un enfoque común, dando a los colaboradores confianza y libertad para hacer su trabajo en donde el valor a trabajar más importante es la felicidad organizacional, debe haber aceptación, aprendizaje y mejoramiento, en lugar de trabajar en un ambiente en donde prime buscar culpables o negar los hechos (Stewart, 2015).

Los colaboradores que trabajan felices son mucho más creativos, productivos, buenos compañeros, tolerantes y, por lo tanto, más activos y valiosos para la organización y de este modo se vuelve un gran negocio para las empresas trabajar y dar más valor a la felicidad organizacional.

Tradicionalmente las empresas miden temas relacionados con el "hacer y el tener" dejando de lado el "SER humano", cómo es su experiencia, emoción y felicidad en cada uno de los procesos y experiencias vividas; con la búsqueda de ambientes más felices haciendo más productivas a las empresas, a partir del trabajo en el bienestar, la reducción del stress en los colaboradores, los ambientes tóxicos, el poco trabajo en equipo, la obtención del trabajo en cooperación y felicidad, así mismo se trabaja en los clientes temas como la re compra, la recomendación, el buen servicio el buen trato y la lealtad que durante tantos años se ha trabajado con el customer experience.

Al poner el foco de atención en la felicidad de los colaboradores repercute directamente en el servicio que se proporciona a los clientes en la compañía, "hay una correlación positiva muy clara entre el compromiso del personal y la rentabilidad de la empresa".

¿Qué diferencia habría en su organización si el principal foco de atención de la gerencia fuera hacer feliz a su gente? De hecho, se podría pensar que la lealtad sería mayor que nunca.

Los beneficios de contar con un buen entorno de trabajo se multiplican. Un personal motivado, feliz y dinámico se traduce en mayor satisfacción del cliente, menor rotación de personal, menor número de ausencias por enfermedad y mayor facilidad para reclutar personal. Todos estos elementos conducen a un mayor crecimiento y una mayor rentabilidad (Stewart, 2015).

Trabajar en temas de cultura, bienestar y sobre todo bien -ser, impactando en la calidad de vida de las personas en las organizaciones, logrando ser más productivos y aumentando los niveles de rentabilidad en las compañías, trabajando en el placer y felicidad de estas, más que trabajando en el malestar que se pueda proporcionar a los colaboradores.

El asunto clave aquí es la cultura de su organización. La innovación rara vez viene desde arriba. De hecho, con frecuencia los altos gerentes suelen ser "barrera" para el cambio. Muchas veces se requiere de la acción de uno o más individuos que están decididos a ensayar nuevas ideas, aunque vayan en contra de lo que se les ha ordenado o pedido.

Hacer sentir bien a las personas en la organización debería ser una obligación para las empresas, las personas trabajan mejor cuando se sienten bien consigo mismas. Crear un entorno de felicidad para los colaboradores como principal foco de atención, poniendo énfasis en la propia gente (Stewart, 2015).

La Felicidad pone en juego la sintonía del equipo humano con las metas de las organizaciones.

Co-crear con el colaborador. Tener un adecuado clima laboral en las empresas no es lo único importante. Existen temas colectivos como éste, pero incluso existen otros que son individuales o de nicho para algunos de los colaboradores como el horario flexible, el empoderamiento, el desarrollo personal y profesional dentro de la empresa, entre otros.

Trabajar en el bienestar, en los sueños de los colaboradores, en sus planes a futuro y sus metas hace parte del "salario emocional" de la vida personal y familiar que se encuentra tan ligado con el desarrollo profesional e integral de ellos.

Por otra parte, las muestras de alegría dentro de la compañía son una clara señal del sano ambiente de trabajo y de la felicidad que se respira dentro de la misma. Trabajar en la cultura en felicidad preferiblemente hablando de sistemas en lugar de reglas. Hay una diferencia radical entre ambos términos. Las reglas son para obedecerlas. Al actuar según una regla se espera que los colaboradores suspendan su discernimiento, pero la mejor manera para lograr hacer algo es trabajar en usar un sistema. Si un colaborador encuentra una mejor manera de hacer las cosas en determinada circunstancia, se le incentiva a que adapte el sistema y se espera que así lo haga.

Pensar en los temas principales, que identifique qué cosas en la organización les permite a las personas dar lo mejor de sí mismas y qué se los impide. Pasar de un tipo de cultura a otra en la que se piense siempre en el colaborador que les haga sentir valorados, puede transformar una organización normal en una basada en felicidad (Stewart, 2015).

Al final, de lo que se trata es de trabajar en la Construcción de Cultura en Felicidad dentro de las organizaciones, de forma estructurada y metódica, entendiendo en primera instancia qué es lo que sienten y piensan los colaboradores, cuáles son sus anhelos dentro de la misma y de qué manera ellos son partícipes de la transformación de su propia felicidad en las compañías siendo co-creadores de dicha transformación y propender por gestionar y/o convertir la infelicidad en Felicidad Organizacional.

Transformación de Clima a Felicidad Organizacional. La evolución es el concepto constante y permanente en las organizaciones para su subsistencia y las empresas han tenido que darle la importancia que se merece a su equipo de trabajo quienes finalmente son, los que, alineados con la estrategia de la organización, logran los objetivos propuestos.

Desde que las empresas se dieron cuenta que cuidar el talento humano repercutía en el mejoramiento de sus indicadores y en un aumento tanto de la productividad, como de la rentabilidad, comenzaron a hacerle un mayor seguimiento a la experiencia del colaborador al interior de la organización para saber cómo dar respuesta oportuna a las necesidades y requerimientos de estos.

La medición de clima se ha quedado un poco corta con relación a las novedades en el mundo empresarial. Esa mirada al interior, que antes era muy básica, se centraba sobre todo en la empresa y el hacer de las personas. Se enfocaba en el cumplimiento básico de leyes que demostraban que las cosas se hacían por obligación, mas no por convicción. Se estudiaba allí el gusto y la comodidad con los puestos físicos de trabajo a lo que se le daba mucho valor, así el ambiente laboral fuera reprochable. Se miraba que hubiera políticas por doquier y que hubiera procesos y procedimientos para hacer todo más eficiente, así no fueran hechos pensando en la comprensión y facilidad para los individuos, los Seres Humanos.

Lo anterior implica que la medición de clima está 100 % orientada a lo importante: el negocio como tal. Por tanto, sus resultados sirven primordialmente para desarrollar un modelo de negocio únicamente (sea una organización con fines de lucro o sin fines de lucro), y esa medición siempre pasa por hacer "algo" en mejoras para su gente que normalmente redunda en beneficios y/o actividades de bienestar tales como la motivación.

Actualmente, el interés central de una medición de felicidad organizacional se orienta en lo esencial: el ser humano definido por un enfoque sistémico, personal, flexible, satisfactorio y humano. Se entiende que se contempla un gran número de factores internos y que esa plenitud impacta a todo el ecosistema empresarial. Al contrario de su versión antecesora, demuestra que está 100% enfocada a lo esencial que es la persona y el objetivo principal es acompañar de manera genuina a las personas en su desarrollo personal, profesional y familiar, lo que, en últimas, con el paso del tiempo se ve reflejado en importante y muy ciertas mejoras para el negocio, tales como la lealtad, el compromiso, menores rotaciones y ausentismos, mayores ingresos, menores costos y por ende mayor productividad.

Importancia del clima organizacional. De acuerdo con Huaman, Izquierdo y López (citado en Louffat, 2015) indicaron que la importancia recae en tres aspectos:

- Determina los orígenes del estrés, conflicto o insatisfacción que ayudan a incrementar las actitudes negativas ante la empresa.

- Empezar y mantener una transformación que mencione al administrador los componentes concretos sobre los cuales se debe manejar sus influencias.

- Continuar el incremento de la empresa y prevenir las dificultades que se pueda suscitar (pp. 279-280).

"Las percepciones compartidas por los miembros de una organización respecto al trabajo, al ambiente físico en que se da, a las relaciones interpersonales que tienen en torno a él y las diversas regulaciones formales que afectan a dicho trabajo" (Rodriguez D. 2008), también es uno de los factores considerados como otro posible determinante de la satisfacción laboral.

Se ha comprobado que mientras más participativo, dinámico y abierto a cambios sea el clima organizacional de una institución, mayor será la productividad, la calidad de vida laboral y el rendimiento, constituyendo una relación directamente proporcional, lo que impactaría también en la satisfacción laboral de los funcionarios de una organización (García M, Ibarra L, 2012).

Según la definición de satisfacción laboral entregada por Blum y Naylor (citado por Camacaro), el salario y la posición social serían factores determinantes para la satisfacción laboral.

No todos los componentes del clima organizacional muestran una relación positiva y significativa con respecto a la satisfacción laboral (Arias & Arias, 2014; Hospinal, 2013; Muñoz et al. 2006; Tsai, 2014).

Csikszentmihalyi, el "Flow", es una sensación de satisfacción que se puede experimentar realizando cualquier actividad, ya sea cotidiana o laboral. El beneficio de un empleado satisfecho también genera un agradable clima organizacional, por ende, esto podría generar mayor optimización en los resultados económicos. (2020, p.24).

En cuanto a estudios que describan las relaciones entre los elementos de clima laboral con la felicidad organizacional se destaca lo realizado por George y Brief (1992) quienes evidencian los beneficios de la felicidad sobre el comportamiento organizacional, en donde los colaboradores con un nivel alto de felicidad son más cooperativos con sus compañeros, brindan sugerencias constructivas hacia el trabajo y están más comprometidos con su desarrollo profesional.

Vale la pena apostarle a hacer mediciones en felicidad organizacional para ser acertados en la estrategia de las empresas trabajando de manera sostenible en el tiempo. En últimas ya sabemos los beneficios en cifras que trae para el éxito empresarial y, sin embargo, se dejan de lado características que hacen que el trabajo sea aún más enriquecedor.

Entre las cosas que se evidencian que se mejora, se podría hablar de mayor interés en la organización, deseo de involucramiento, mayor facilidad en la resolución de problemas, así como aumento en la proactividad, innovación, aceptación de nuevos retos y responsabilidades, mejor manejo del estrés causado por el día a día del trabajo y una mejor aceptación y adaptación a los cambios.

La invitación es a que las empresas se documenten y evolucionen en su estrategia organizacional y den una mirada hacia sus colaboradores y les den aún más valor del que les dan actualmente haciendo **la transición de clima a felicidad laboral.**

Segunda Fase Argumentación - Variables Corporativas del Modelo Actual

Propiedades Psicométricas Analizadas

Fiabilidad por consistencia interna con el Alfa de Cronbach. ¿Qué entender por fiabilidad de las mediciones? Este proceso también llamado confiabilidad o confianza de los instrumentos de medición, busca que las medidas de un instrumento puedan ser replicables de una situación a otra y que, a través de esta replicabilidad, pueda conocerse la estabilidad de un test, su consistencia o su equivalencia con otras formas del test mismo (Abad, Olea, Ponsoda y García, 2021).

En específico, la fiabilidad se refiere a las precisiones con las que una escala de medición evalúa algún constructo teórico, como en este caso el BhiPRO que evalúa la felicidad organizacional, entre otras dimensiones.

Los índices de fiabilidad son diversos, todos ellos implican la replicabilidad de los datos cuando aplicamos distintas condiciones, momentos o formas de la escala de medición, tres de las formas más comunes de lograr esta replicabilidad y estudiar la precisión de los instrumentos son:

A) **La equivalencia:** esta forma de fiabilidad implica obtener la misma medida cuando medimos lo mismo con pruebas equivalentes. La forma más común es por medio de la correlación entre formas paralelas de la escala de medición.

B) **La estabilidad:** Señala que se deben obtener las mismas medidas cuando medimos lo mismo en momentos diferentes. Por ejemplo, la medición de la felicidad organizacional en dos periodos diferentes debe suponer los mismos resultados si no hemos realizado ninguna intervención que cambie nuestra medición inicial. La prueba estadística más común es la correlación test-retest.

C) **La consistencia:** es el proceso de fiabilidad más común. En ella se advierte que debemos obtener las mismas puntuaciones cuando medimos con distintas partes del test. La prueba estadística más común fue diseñada por el psicólogo Lee Cronbach, prueba que lleva su nombre como el coeficiente alfa de Cronbach.

Las tres formas de ofrecer evidencia de fiabilidad de los instrumentos de medición no son mutuamente excluyentes. Por el contrario, se pueden realizar como evidencia que fortalece la confiabilidad de las escalas de medición en distintos periodos de la evolución de una prueba psicométrica y sociométrica.

El coeficiente alfa de Cronbach es un valor numérico continuo que cuantifica el grado de consistencia de un instrumento de medición. Sus valores oscilan entre el 0 y el 1, donde valores próximos a 0 implican nula consistencia y por tanto nula fiabilidad, mientras tanto, los valores próximos a 1 implican niveles elevados de consistencia interna y, por lo tanto, buena confiabilidad de las mediciones, lo que sugiere que un instrumento es preciso. El valor crítico que se ha tomado en la literatura para establecer una marca mínima de consistencia interna es el valor de coeficiente al nivel $\alpha > 0.600$, lo que indicaría los niveles aceptables de fiabilidad.

Validez de Constructo por Análisis Factorial Confirmatorio. La validez implica los procedimientos para evaluar la verosimilitud de las inferencias que pueden alcanzarse por las mediciones de un instrumento, es decir, ¿Hasta qué punto, los resultados de la medición implican un comportamiento cualitativamente interpretable desde nuestra teoría? (Abad et al., 2010).

De forma común, en el ámbito académico se dice que un instrumento tiene validez cuando mide lo que pretende medir.

Sin embargo, como en el caso de la felicidad organizacional y muchos otros fenómenos propios de las ciencias sociales y del comportamiento, las medidas no son medidas directas de los fenómenos, sino inferencias a través de la observación de múltiples comportamientos, por eso es importante siempre cuestionar cuál es la validez de las inferencias alcanzadas por un instrumento.

En definitiva, **todo constructo, como el caso de la felicidad organizacional** debe ser una inferencia válida de los hechos y observaciones a partir de una buena definición operativa de los constructos (como se ha señalado anteriormente en el capítulo de definición de las siete dimensiones).

Existen distintos procedimientos para comprobar la validez de un instrumento, entre las más comunes son la validez de contenido y la validez de constructo. La primera indica que, un instrumento de medición ha sido operacionalizado siguiendo un proceso deductivo que va de los constructos teóricos a los hechos empíricos, así, los indicadores comportamentales están correctamente vinculados con la teoría. Posterior a esta etapa es común que los instrumentos de medición necesiten de la ratificación del vínculo entre teoría y práctica, por eso, procesos estadísticos como el análisis factorial ha sido una herramienta multivariante muy exitosa en el tipo de validez de constructo.

El análisis factorial es una técnica estadística de reducción de dimensiones. Cada dimensión recibe el nombre de factor y cada reactivo o indicador recibe el nombre de variable observable. Esta técnica consiste en términos generales en, a través de los indicadores o reactivos, poder inferir la presencia de grandes dimensiones que representan los constructos que verdaderamente se pretenden medir con el instrumento (Zamora, Monroy y Chávez, 2008).

El análisis factorial tiene dos modalidades, el análisis exploratorio y el confirmatorio. En el presente apartado se sugiere un abordaje del **análisis factorial confirmatorio** del modelo Bhi-PRO de Mide La Felicidad®.

Estandarización de la Escala por Baremos Percentiles. Finalmente, la baremación o estandarización es la tercera propiedad psicométrica que toda escala de medición actitudinal debe tener. Es importante debido a que hace énfasis de la interpretación cualitativa y, por tanto, comportamental, de las puntuaciones numéricas de un test.

Las puntuaciones directas de una persona en un test no son interpretables en sí mismas a menos que exista un grupo normativo que permita comparar las puntuaciones de las personas evaluadas. Comúnmente, el grupo normativo de comparación es una muestra de personas que tienen un perfil muy semejante a las personas a las que se aplica la evaluación. De esta manera, la comparación de la persona con el grupo genera una puntuación llamada baremo que facilita la interpretación cualitativa del instrumento.

Existen cuatro baremos de mayor frecuencia: los cronológicos, los centiles, las puntuaciones típicas y las puntuaciones típicas derivadas. En psicometría las empleadas son los centiles o percentiles, mismas que son utilizadas en las siete dimensiones del modelo BhiPRO.

Evidencia de Fiabilidad de las Siete Dimensiones o constructos.

Tabla 1.

Dimensiones Modelo BhiPRO

Dimensiones	Ítems	Alfa de Cronbach
1. Expectativas	4	0.717
2. Realidad	5	0.908
3. Beneficios	5	0.852
4. Agrado	7	0.899
5. Pertenencia	3	0.792
6. Cultura y Rotación	2	0.648
7. Felicidad Organizacional	21	0.956
Escala total	42	0.972

La aplicación de fiabilidad por alfa de Cronbach al modelo BhiPRO señala que el instrumento tiene niveles adecuados de fiabilidad por consistencia interna. Todas las dimensiones superan el valor mínimo aceptado para indicar que las dimensiones cuentan con consistencia interna ($\alpha > 0.600$). La dimensión con mayor confiabilidad es Felicidad Organizacional. El instrumento general también presenta niveles muy elevados de confiabilidad de la medición.

La metodología BhiPRO es fiable porque sus puntuaciones para cada una de las siete dimensiones son consistentes. Su estabilidad consiste en que, los indicadores de cada medición son congruentes entre ellos.

Figura 2.

Todos los coeficientes Alfa de Cronbach del Modelo BhiPRO sobrepasan los valores criterio (línea roja) para considerar que sus siete dimensiones y la escala total del modelo son confiables.

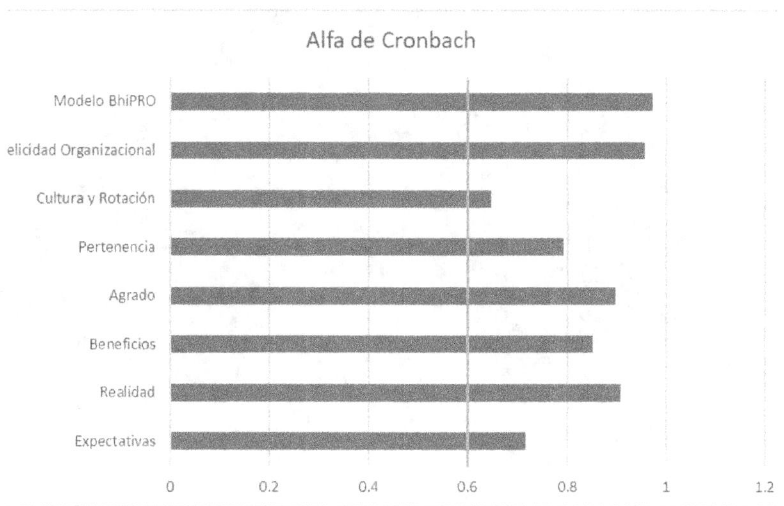

Evidencia de Validez de constructo. El análisis factorial confirmatorio de segundo orden ha indicado que las 7 dimensiones del instrumento se integran con buen ajuste al modelo BhiPRO.

Las tres escalas indicadoras del modelo son 1) Felicidad organizacional, 2) Agrado y 3) Realidad. Estos hallazgos sugieren que el modelo BhiPRO explica con niveles óptimos estas tres dimensiones. Sin embargo, las cuatro restantes también presentan niveles de ajuste idóneos para considerarse un modelo general (Figura 3).

Figura 3.

Modelo BhiPRO colaboradores con 7 dimensiones.

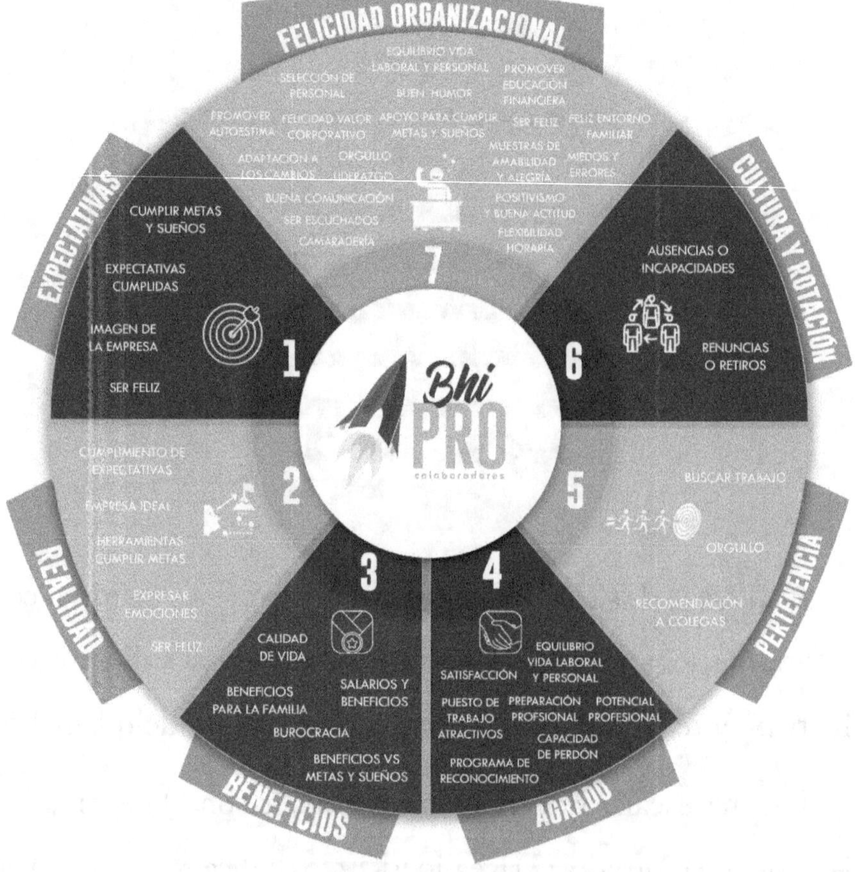

Figura 4.

Diagrama de Análisis Factorial Confirmatorio del Modelo BhiPRO

colaboradores con 7 dimensiones.

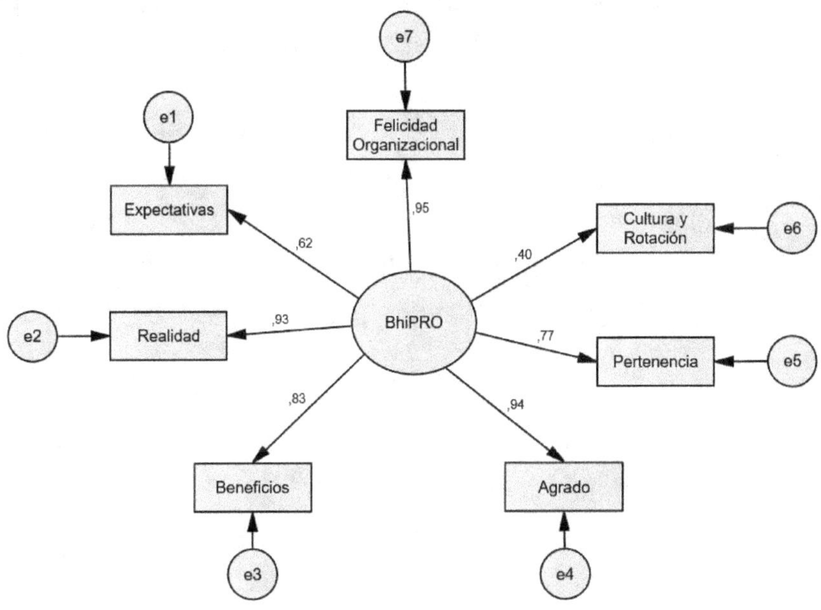

El análisis factorial confirmatorio del Modelo BhiPRO muestra evidencia adecuada de validez de constructo, cuatro de los siete indicadores de bondad de ajuste se superan los indicadores (ver indicadores en Tabla 2), lo cual permite considerar que el modelo presenta un buen ajuste y tiene validez de constructo (Tabla 2).

Tabla 2.

Índices de bondad de ajuste empleados para valorar los modelos por Análisis Factorial Confirmatorio

Índices de ajuste	Criterios de interpretación[a]
χ^2	El estadístico Chi-cuadrado con su nivel de significancia. Se mantiene el modelo si el valor de $p \geq .05$, sin embargo, la literatura señala que no es un índice recomendable.
χ^2/gl	La razón Chi-cuadrado y grados de libertad. Razones < 3 se consideran indicadores de ajuste aceptable del modelo, no suele ser recomendado.
CFI	Índice de ajuste comparativo (*Comparative Fit Index*). Es un ajuste descriptivo y comparativo, la literatura señala que modelos con valores ≥ 0.95 suele ser indicativo de un buen ajuste entre el modelo teórico y el empírico, pero valores $> .90$ son aceptables.
TLI o NNFI	Índice de ajuste no normado (*Non Normed Fit Index*). Es un ajuste descriptivo y comparativo, con valores $> .90$ es aceptable el modelo, pero con $\geq .95$ se presume que el modelo tiene un buen ajuste.
PNFI	Este ajuste corregido por parsimonia debe ser próximo a 1, lo que indicaría buen ajuste.
IFI	Índice incremental de ajuste (*Incremental Fit Index*). Es un índice descriptivo y comparativo, se considera que valores $> .90$ son aceptables en el modelo.
RMSEA	Índice de aproximación de la raíz de cuadrados medios del error (*Root Mean Square Error of Aproximation*). Es un ajuste descriptivo absoluto, con valores $< .08$ es un criterio de referencia de aceptación $\leq .06$ el modelo se ajusta de manera óptima.

Nota. [a]Los criterios de interpretación de la tabla han sido obtenidos de la literatura, principalmente basados en los trabajos de Abad et al. (2010), Batista y Coenders (2012), Kline (2016), Manzano y Zamora (2009) y Ruiz, Pardo y San Martín (2010).

Tabla 3.

Bondad de Ajuste del Modelo BhiPRO

Estadísticos	Modelo BhiPRO
Dimensiones	7
Parámetros	21
χ^2	1284.89
gl	14
p	.000
χ^2/gl	91.77
CFI	.967
TLI	.950
IFI	.967
PNFI	.644
RMSEA	.121
Ajuste	**Bueno**

Nota. Los valores de referencia para la interpretación del ajuste se encuentran en la Tabla 2.

A partir de los resultados expuestos sobre el análisis factorial confirmatorio para las siete dimensiones del Modelo BhiPRO se puede corroborar que se cuenta con validez de constructo, uno de los criterios más importantes para la obtención de esta propiedad psicométrica.

Estandarización del Modelo. El modelo se ha estandarizado con una muestra de **N = 6197 colaboradores.**

Por las características métricas del instrumento, se ha desarrollado un baremo centil con puntos de corte que responden a umbrales de discriminación entre grupos y al comportamiento típico (asimétrico negativo) de las escalas de bienestar, satisfacción y felicidad.

La estandarización de las puntuaciones del modelo es consistente con las exploraciones del Set-Point del Bienestar subjetivo propuesto por el psicólogo Robert A. Cummins (Cummins, et al., 2014).

Figura 5.

Baremos percentiles BhiPRO colaboradores.

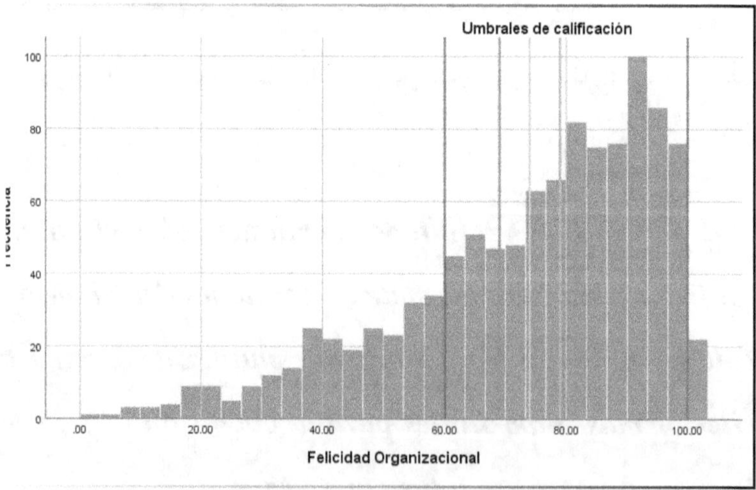

La gran contribución que ofrece el Modelo BhiPRO es que debido a la gran cantidad de muestra que considera en la estandarización de su modelo de medición, las puntuaciones percentiles e interpretaciones cualitativas que de ella se pueden deducir son **válidas y confiables para la región latinoamericana y es generalizable para poblaciones extensas de trabajadores en estas regiones.**

Tercera Fase Argumentación - Evolución y Potenciación del Modelo BhiPRO

El modelo BhiPRO ha presentado grandes cambios desde su creación, estos cambios se han caracterizado por **la voluntad de crear un instrumento cada vez más confiable y válido**, con mejor calibración de sus puntuaciones y un feedback más idóneo para las organizaciones que lo implementan como programa de intervención.

La investigación que se ha realizado con el modelo se inserta dentro de los estudios del bienestar y la felicidad, considerando los dominios de satisfacción con la vida, en especial el ámbito laboral y del trabajo. No obstante, también posee muchas contribuciones de la llamada Psicología Positiva (Seligman, 2003), que busca ser una metodología innovadora para afrontar positivamente las condiciones de vida de los colaboradores y estableciendo parámetros que faciliten conocer la salud mental de las organizaciones.

"Cualquier trabajo puede convertirse en una vocación y cualquier vocación en un trabajo (Seligman, 2003, pág. 151), es decir, la vocación motiva un empleo más gratificante debido a que el trabajo se realiza por sí mismo dejando de lado los beneficios materiales que conlleva".

El Modelo BhiPRO ahora se compone por cinco dimensiones y 22 reactivos o dimensiones que abonan a una escala total, tanto las dimensiones como la selección de indicadores (reactivos) **han sido seleccionados cuidadosamente y con rigor científico** para establecer un instrumento muy calibrado y que mida la felicidad de manera óptima.

Para lograr el instrumento que aquí se presenta fue necesario un escrutinio importante, para lograr un balance entre *confianza y validez* de los constructos, este escrutinio es el que se presenta en el informe que tiene frente a usted en el presente libro.

Desarrollo Psicométrico del Nuevo Modelo BhiPRO. Igualmente se aplicaron las tres propiedades psicométricas que todo instrumento debe poseer para considerarse una prueba, *1) fiabilidad o confiabilidad de sus puntuaciones, 2) validez de sus constructos y, 3) baremación o estandarización con un grupo normativo* (Martínez, 2005). El Modelo BhiPRO cuenta con estas tres propiedades basados en evidencia con una muestra considerable de casos, en total suman más de 6,000 aplicaciones, por lo que su marco de evidencia es muy amplio.

A continuación, se describen aquellas características de tipificación del modelo a través de la muestra y sus propiedades psicométricas.

Perfil de los Colaboradores (Género y Edades). Las variables edad y sexo son fundamentales para la caracterización de una muestra y perfil de colaboradores, muchas variables dependientes suelen cambiar sus valores y parámetros en función de estas, por ello es importante llevar a cabo análisis que identifiquen el número de personas con las que se ha contado a lo largo de los estudios del Modelo BhiPRO tanto en edad como en género.

Como ya se ha mencionado, la muestra general con la que se han analizado las propiedades psicométricas del modelo BhiPRO es de n = 6,197 colaboradores de centros de trabajo, de los cuales se ha encontrado que el 42.20% son hombres, el 57.69% son mujeres y, el 0.11% se ha identificado como no binario u otro género (Figura 6).

Figura 6.

Gráfico de sectores que muestra la proporción de hombres, mujeres y otros en las muestras (n = 6,197) del modelo BhiPRO. Fuente: Elaboración propia con SPSS.

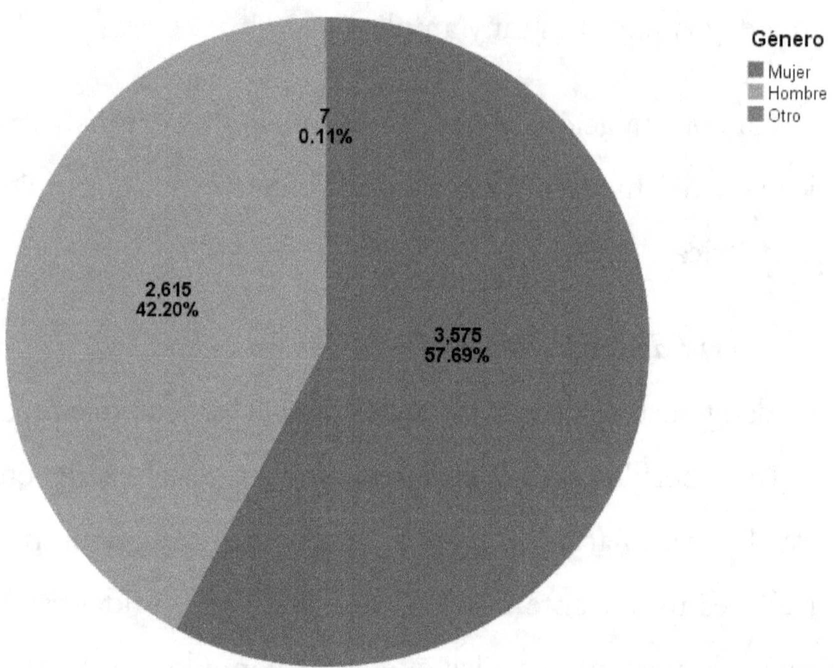

Por otra parte, en la distribución de edad se observa que el rango de edades de mayor frecuencia es para el grupo etario de los 26 a los 35 años, equivalente al 36.16% del total de la muestra, seguidos del grupo de los 36 a los 45 años con el 27.77%, ambos grupos representan el 63.93% del total de la muestra evaluada con el modelo. Es destacable señalar que después de los 46 años la frecuencia de colaboradores disminuye significativamente en comparación con los grupos etarios más jóvenes, pues el 13.17% de la muestra tiene edades entre los 46 y los 55 años y sólo el 3.40% se ubica de los 56 a los 65 años, por lo que este último grupo etario representa una minoría en el estudio del Modelo BhiPRO (Figura 7).

Figura 7.

Gráfico de barras que muestra la distribución de la muestra por el grupo etario de pertenencia. Fuente: Elaboración propia con SPSS.

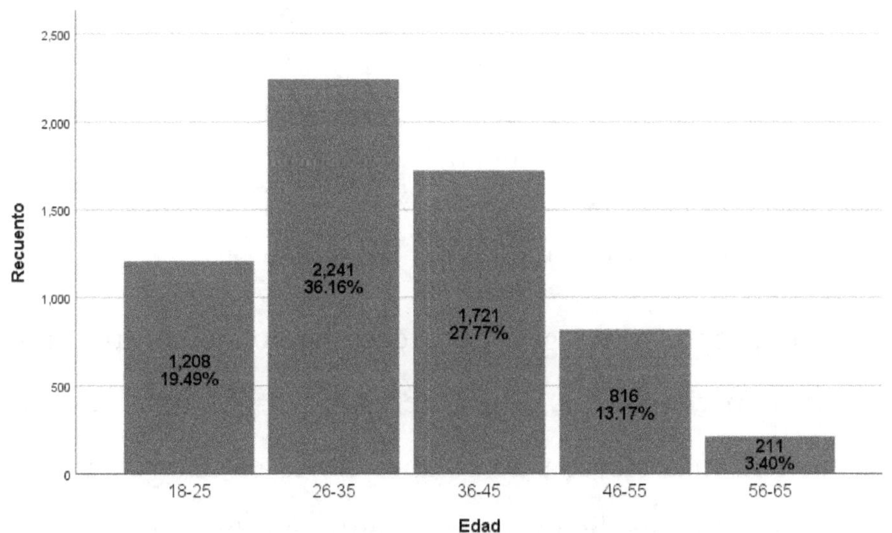

En todos los casos del grupo etario, existió una frecuencia

mínima de personas que se consideraron de otro género diferente al de hombre o mujer, aunque las frecuencias más elevadas se encuentran entre los grupos no mayores a los 35 años, la presencia de frecuencias mínimas de una persona para los grupos de 56 años o más, representa porcentajes más elevados debido a la reducción de casos totales en este grupo (Tabla 4).

Tabla 4.

Frecuencias relativas y absolutas del género de los casos de la muestra.

| | Género | | | |
| | Mujer | Hombre | Otro | Total |
Edad	*F (%)*	*F (%)*	*F (%)*	*F*
18-25	695 (57.5)	511 (42.3)	2 (0.2)	1208
26-35	1260 (56.2)	979 (43.7)	2 (0.1)	2241
36-45	1033 (60)	687 (39.9)	1 (0.1)	1721
46-55	477 (58.5)	338 (41.4)	1 (0.1)	816
56-65	110 (52.1)	100 (47.4)	1 (0.5)	211
Total	3575 (57.69)	2615 (42.2)	7 (0.11)	6197

Abreviaturas: F = frecuencia o conteo, % = porcentaje por fila.

Las proporciones generales del género por grupo etario se mantienen constantes con la generalidad (Figura 1), donde la frecuencia más elevada de colaboradores es del género mujer, en especial la brecha más grande entre colaboradores del género mujer y hombre se encuentra en la franja de edad de los

36 a los 45 años, donde se presenta el 60% de mujeres, la brecha de género más pequeña se ubica en el grupo de los 46 a los 55 años, donde las mujeres representan el 52.1% (Tabla 4).

El 57.7% de los colaboradores son Mujeres, entre los 26 y los 35 años se encuentra más de un tercio de los encuestados, la brecha más grande entre hombres y mujeres se ubica entre los 36 y los 45 años, en este grupo, las mujeres representan el 60% de la muestra.

Georreferencia de la Población y Muestra. El Modelo BhiPRO, al ser una escala psicométrico-informatizada, ha sido posible su aplicación en diversos países y regiones del mundo, muy especialmente en América Latina y el Caribe, y con algunas aplicaciones para Norte América y Europa.

Como se muestra en la tabla 5, la distribución de los países donde se ha obtenido muestra con el Modelo BhiPRO revela que el 84.6% son colaboradores de centros de trabajo colombianos, después de esta región, es Panamá la que mayor frecuencia presenta, con un 7%, y México en la región de Norte América con el 4.9% de la muestra total.

Tabla 5.

Muestras del modelo por país.

País	F (%)	% Acumulado
Argentina	5 (0.1)	0.1
Bélgica	1 (0.01)	0.1
Bolivia	3 (0.01)	0.1
Chile	3 (0.01)	0.2
Colombia	5241 (84.6)	84.8
Costa Rica	5 (0.1)	84.8
El Salvador	1 (0.01)	84.9
Guatemala	175 (2.8)	87.7
Italia	1 (0.01)	87.7
México	302 (4.9)	92.6
Panamá	432 (7.0)	99.5
Paraguay	1 (0.01)	99.6
Perú	4 (0.1)	99.7
República Dominicana	3 (0.01)	99.7
España	1 (0.01)	99.7
Estados Unidos	19 (0.3)	100.0

Abreviaturas: *F* = frecuencia relativa, % = porcentaje, % Acumulado = porcentaje acumulado de la muestra.

La georreferencia de la muestra total (n = 6197) hace importante la segmentación de muestras por regiones que faciliten la integración de resultados, por ello se ha establecido una clasificación de los países por el número de muestra, generando una categoría amplia para todos los países latinoamericanos con porcentajes menores al 1% (Tabla 6), esta reagrupación tiene fundamentos socioculturales, la nueva clasificación se llamó Región Latinoamericana, dejando fuera Colombia, Guatemala, México y Panamá, pues sus muestras son mayores al 1% del total. También se dejó en una categoría aparte a los Estados Unidos, este último justificado en el contexto sociocultural más que el porcentaje; y el mismo caso para los tres países europeos que fueron reclasificados como Regiones Europeas (Bélgica, Italia y España).

Tabla 6.

Muestra segmentada por regiones.

Regiones	F (%)	% Acumulado
Latinoamericana	25 (0.4)	0.4
Europea	3 (0.01)	0.5
Colombiana	5241 (84.6)	85.0
Guatemalteca	175 (4.9)	87.8
Mexicana	302 (4.9)	92.7
Panameña	432 (7.0)	99.7
Estadounidense	19 (0.3)	100

Abreviaturas: *F* = frecuencia relativa, % = porcentaje, % Acumulado = porcentaje acumulado de la muestra.

El reordenamiento regional permitió la agrupación de siete categorías, de las cuales cinco se conservan y 2 fueron la integración de valores de frecuencia bajos pero que integraban regiones socioculturales semejantes, latinoamericana y europea (Tabla 6). El reordenamiento de la tabla 5 facilitará el desarrollo de análisis estadísticos y descriptivos del Modelo BhiPRO reduciendo el nivel de error asociado a la medición con muestras pequeñas.

Figura 8.

Muestras del Modelo BhiPRO por países.

Sectores Económicos de las Muestras. El Modelo BhiPRO se ha explorado en colaboradores de centros de trabajo de 25 sectores económicos, entre ellos, los de mayor incidencia han sido el Textil con una muestra de 3377 (54.5%) colaboradores, seguido del sector de Servicios con 1187 (19.2%), y el sector Salud con 1005 (16.2%) colaboradores evaluados. Los restantes sectores no alcanzan el 5% de la muestra de manera individual (Tabla 7).

Tabla 7.

Frecuencias de muestra por sector económico.

Sectores económicos	F (%)	% Acumulado
Alimentos y bebidas	259 (4.2)	4.2
Comunicaciones	23 (0.4)	4.6
Consultoría	14 (0.2)	4.8
Educación	11 (0.2)	5.0
Electrónica	2 (0.01)	5.0
Financiamiento	296 (4.8)	9.8
Logística	3 (0.01)	9.8
Operaciones	1 (0.01)	9.8
Petróleo y gas	1 (0.01)	9.8
Salud	1004 (16.2)	26.1
Textil	3377 (54.5)	80.6
Sector público	4 (0.1)	80.6
Comercio	14 (0.2)	80.8
Servicios	1187 (19.2)	100.0

Nota. F = frecuencia relativa, % = porcentaje, % Acumulado = porcentaje que se acumula de todos los sectores económicos.

El sector económico suele condicionar algunos factores laborales y psicosociales propios del trabajo, por ejemplo, en sectores donde el trato con las personas es fundamental (sector de servicios o salud), los resultados de escalas psicométricas suelen ser más sensibles que en otros sectores. Debido a que la muestra de Servicios y Salud suelen ser elevadas, debe plantearse un análisis de las cinco dimensiones del Modelo BhiPRO que identifique si estos sectores se comportan de manera diferenciada al resto de los sectores económicos.

Integración de los Factores Sociodemográficos. Los factores sociodemográficos como el género, edad, el sector económico, el ingreso y el nivel académico suelen ser covariables que en mayor o menor medida pueden determinar la percepción de la felicidad organizacional de los colaboradores de un centro de trabajo, por ello es muy importante atender a una descripción mínima de su distribución en la muestra general, de esta manera puede conocerse el perfil general de las muestras con la que el Modelo BhiPRO se ha sometido a pruebas de fiabilidad y validez; además identifica la población con la que se ha construido el baremo general de interpretación de puntuaciones de las cinco dimensiones del modelo y escala total.

La georreferencia de la muestra total (n = 6197)

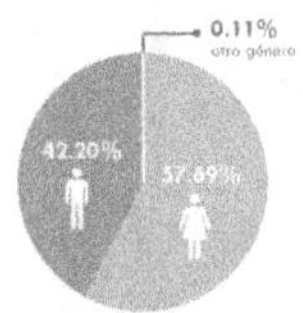

MUESTRAS DEL MODELO POR GÉNEROS

MUESTRAS DEL MODELO POR RANGO DE EDADES

Edad	F	%
18 a 24 años	1.208	19.49
25 a 36 años	2.241	36.16
37 a 45 años	1.721	27.77
46 a 55 años	816	13.17
56 a 65 años	211	3.40

Abreviaturas. F. Frecuencia relativa. (%) Porcentaje

MUESTRAS DEL MODELO POR REGIONES

Latinoamericana
F(%): 25(0.4)
% Acumulado: 0.4

Europea
F(%): 3(0.01)
% Acumulado: 0.5

Colombiana
F(%): 5241(84.6)
% Acumulado: 85.0

Guatemalteca
F(%): 175(4.9)
% Acumulado: 87.8

Mexicana
F(%): 302 (4.9)
% Acumulado: 92.7

Panameña
F(%): 432 (7.0)
% Acumulado: 99.7

Estadounidense
F(%): 19 (0.3)
% Acumulado: 100

SECTORES ECONÓMICOS DE LA MUESTRA DE INVESTIGACIÓN DEL MODELO BhiPRO

Alimentos y bebidas
Comunicaciones
Consultoría
Educación
Electrónica
Financiamiento
Logística

Operaciones
Petróleo y gas
Salud
Textil
Sector público
Comercio
Servicios

El Modelo **BhiPRO**, al ser una escala psicométrica informatizada, ha sido posible su aplicación en diversos países y regiones del mundo, muy especialmente en América Latina y el Caribe, y con algunas aplicaciones para Norte América y Europa.

Nota: El reordenamiento facilitará el desarrollo de análisis estadísticos y descriptivos del Modelo BhiPRO reduciendo el nivel de error asociado a la medición con muestras pequeñas.

Construcción de los Baremos y Estandarización del Modelo BhiPRO. Las puntuaciones directas de una escala de medición no son interpretables en sí mismas, para ello necesitan un proceso de estandarización que facilite dicha **interpretación cualitativa,** a este proceso se le conoce como **baremación.** Consiste, en primera instancia, en una descripción estadística amplia de las variables a estandarizar, así, se obtienen los valores estadísticos necesarios para entender el comportamiento típico de una variable, lo cual facilita su comprensión, predicción e interpretación en términos conductuales y organizacionales.

Para obtener un baremo adecuado es necesario conocer el comportamiento de las variables, que para el caso del Modelo Bhi-PRO de felicidad organizacional, ***el comportamiento de las variables de BhiPRO es el típico y consistente con los estudios del bienestar a nivel internacional,*** es decir, las cinco dimensiones del modelo y la escala total se comportan como variables con asimetría negativa, lo que indica una probabilidad más elevada de respuesta para los puntajes superiores en las respuestas de los participantes (Figura 9).

Figura 9.

Histograma de frecuencias que muestra la distribución con asimetría negativa de la escala total del Modelo BhiPRO (n = 6197). En color naranja se aprecia la tendencia hacia los puntajes superiores de la escala, estos valores se encuentran en puntuaciones directas (PD) de los 22 ítems que contribuyen a la Escala total Modelo BhiPRO.

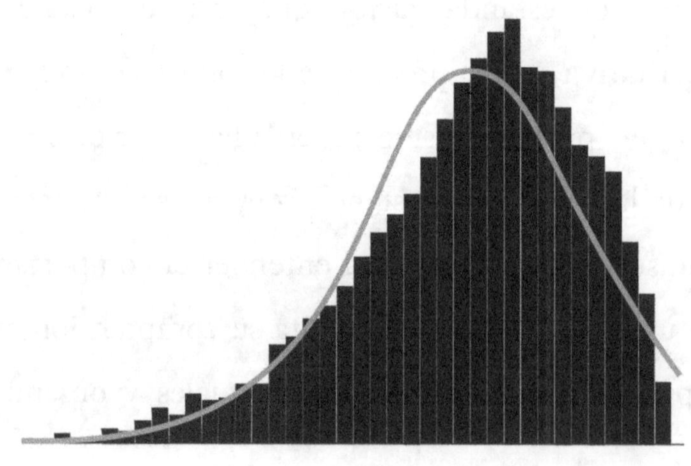

La Figura 9 es una representación de la distribución de la escala total del Modelo BhiPRO que ratifica el comportamiento típico negativo del test y la presencia de outliers en su extremo izquierdo. Estas exploraciones facilitan la deducción del comportamiento del modelo y muestran argumentos a favor de la construcción de un baremo percentil de las puntuaciones de la escala, es una ruta óptima para el proceso de baremación del modelo.

La interpretación cualitativa de las cinco dimensiones y de la escala total del Modelo BhiPRO son el producto del amplio margen de aplicaciones que ha alcanzado el modelo, haciéndolo un instrumento sensible a los cambios de la felicidad organizacional, estandarizado con una población latinoamericana de más de 6000 colaboradores de diversos centros de trabajo y que posee evidencia de confiabilidad y validez.

Fiabilidad y Validez del Modelo BhiPRO

Evidencia de Fiabilidad. ¿Qué entender por fiabilidad de las mediciones? Este proceso también llamado confiabilidad o confianza de los instrumentos de medición, busca que las medidas de un instrumento puedan ser replicables de una situación a otra y que, a través de esta replicabilidad, pueda conocerse la estabilidad de un test, su consistencia o su equivalencia con otras formas del test mismo (Abad et al., 2010).

La replicabilidad a través de los índices de fiabilidad facilita que se obtengan medidas consistentes en distintas condiciones, momentos temporales o formas de la prueba; el índice más común y famoso en la medida de la confiabilidad es la consistencia interna a través del Alfa de Cronbach. Este coeficiente presenta ventajas sobre otras formas de fiabilidad, debido a que sólo requiere una aplicación del instrumento para tener un índice medianamente preciso de la consistencia. En adición, los análisis de fiabilidad a través de las correlaciones entre las partes del instrumento (ítems o reactivos) y las escalas totales o dimensiones, también suele ser una medida idónea cuando no se cuenta con pruebas equivalentes del tipo A y B, o cuando no se cuenta con una marca temporal del tipo pretest-postest (Kline, 2009).

La evidencia de fiabilidad que se presenta en este informe para el Modelo BhiPRO empleó los índices de consistencia interna y como se aprecia, los índices muestran niveles altos de fiabilidad y consistencia para las cinco dimensiones y la Escala total Modelo BhiPRO.

Consistencia Interna. La consistencia interna medida a través del coeficiente Alfa de Cronbach señala que, en un test se deben obtener las mismas puntuaciones cuando medimos con distintas partes de la prueba, de esta manera, se indica consistencia cuando los ítems muestran respuestas que expresan patrones de variación semejante y no aleatorio entre los ítems y en comparación con la variación general de la escala medida.

En el Alfa de Cronbach se analiza la concordancia entre las puntuaciones de los individuos y las partes más elementales del test, los ítems. El coeficiente es útil al expresar ¿En qué grado las medidas que obtenemos de las personas o colaboradores dependen de los ítems aplicados? ¿Los evaluados habrán obtenido puntuaciones similares si hubieran aplicado otro test que tuviera la misma longitud y siguiendo la misma estructura lógica?

Tabla 8.

Coeficientes Alfa de Cronbach de las cinco dimensiones y escala total del Modelo BhiPRO.

Dimensiones	Alfa
F. Felicidad organizacional	.945
E. Expectativas	.867
B. Beneficios	.909
A. Agrado	.870
C. Cultura y rotación	.616
Modelo BhiPRO	.938

Nota. El valor criterio universal que se tiene para determinar la fiabilidad de una escala es el valor $\alpha \geq .600$

La evidencia de fiabilidad por el índice de consistencia interna con el coeficiente Alfa de Cronbach ha mostrado que las cinco dimensiones y la Escala total del Modelo BhiPRO cuentan con índices satisfactorios y óptimos de fiabilidad (Tabla 8).

En definitiva, esta evidencia ha mostrado que las cinco dimensiones del modelo y su escala total cuentan con la fiabilidad necesaria para dar consistencia a las puntuaciones y las inferencias cualitativas que puedan inferirse de la aplicación del Modelo BhiPRO.

Evidencia de Validez. Generalmente se entiende la validez como **un procedimiento para evaluar la verosimilitud de las inferencias alcanzadas por la medición** (Abad et al., 2010), en otras palabras, la validez permite que —a través de un instrumento de medición como el Modelo BhiPRO— se puedan inferir un conjunto de comportamientos humanos y que esta inferencia sea loable.

Las dos formas de validez más concurrentes en los procesos de análisis psicométrico son la validez de contenidos y de constructos. La primera identifica una serie de procedimientos por medio de los cuales ha sido diseñada la prueba, sus ítems, indicadores, dimensiones, etc.; por otra parte, la validez de constructo busca ratificar la verosimilitud del contenido teórico de la prueba, para este fin se han empleado técnicas estadísticas multivariantes de reducción de dimensiones, especialmente la técnica del **análisis factorial (AF)** que es de dos tipos, **exploratorio y confirmatorio.**

Análisis Factorial Exploratorio. Se ha empleado la técnica de Análisis Factorial Exploratorio (AFE) para la exploración inicial de las dimensiones. Los resultados de la verificación arrojaron datos muy semejantes entre la estructura teórica y la empírica, pues en los resultados del análisis fueron claramente identificables cinco dimensiones (F, E, B, A, C). No obstante, la fundamentación teórica y la evidencia empírica justifican las dimensiones del modelo.

El primer AFE se realizó con una muestra de más de 3.000 colaboradores para la exploración del constructo del modelo, como resultado se obtuvo el modelo de cinco factores ya mencionado. La matriz de factores rotados por método oblimin identifica cinco dimensiones del Modelo BhiPRO que son consistentes con la estructura original de la escala, sólo algunos ítems han tenido una reorientación en dimensiones desde una perspectiva de evidencia empírica.

Los análisis exploratorios a través del AFE muestran una primera evidencia de validez de constructo, donde el modelo BhiPRO se ajusta de manera adecuada a la emergencia de cinco dimensiones, por este motivo, la matriz factorial es evidencia de la validez de constructo del modelo y del ajuste de los indicadores a las dimensiones medidas.

Análisis Factorial Confirmatorio. El constructo explorado en el AFE mostró el comportamiento empírico del Modelo BhiPRO en una muestra de n = 3076 casos, para el paso siguiente, que buscó la verificación del modelo explorado se empleó una muestra de n = 3121 casos. El Análisis Factorial Confirmatorio (AFC) es el paso lógico posterior a la exploración de la matriz de factores rotados y cuando se ha alcanzado una segunda muestra considerable para trabajar el modelo. Esta técnica estadística busca confirmar el modelo explorado con anterioridad, con el objetivo de ratificar el constructo teórico de la prueba, en estos modelos la teoría juega un papel fundamental en la dirección y reespecificación de los modelos (Kline, 2016).

La identificación del Modelo BhiPRO (con cinco dimensiones) se ha identificado en los procesos del AFE de la sección anterior, por lo que este modelo sirvió como base para ser probado con el AFC y reespecificar el modelo para generar un ajuste óptimo entre la evidencia empírica y los supuestos teóricos (Batista y Coenders, 2012).

Para la estimación de parámetros del modelo de AFC es necesario contar con distintos indicadores que garanticen la bondad de ajuste del modelo para poder sostener que existe validez de constructo en este proceso de confirmación, si el diagnóstico revelara discrepancias entre el modelo teórico hipotético y el modelo empírico, podrían hacerse reespecificaciones al modelo teórico para lograr un ajuste óptimo entre la teoría y los datos, para llevar a cabo este proceso es fundamental aclarar dos aspectos, 1) el tamaño de la muestra sea el indicado para estimar los parámetros y 2) que los índices de bondad de ajuste sean aceptables, con ambos aspectos se podría constatar la relevancia del modelo. El Modelo BhiPRO cuenta con ambos indicadores para considerar su validez de constructo.

Los índices de bondad de ajuste que han sido considerados para la especificación del modelo, así como para su aceptación, se muestran en la Tabla 7, donde se indican los criterios de interpretación cualitativa que sugieren si los coeficientes mantienen índices de ajuste aceptables (Tabla 9).

Tabla 9.

Índices de bondad de ajuste empleados para valorar los modelos por Análisis Factorial Confirmatorio.

Índices de ajuste	Criterios de interpretación[a]
χ^2	El estadístico Chi-cuadrado con su nivel de significancia. Se mantiene el modelo si el valor de $p \geq .05$, sin embargo, la literatura señala que no es un índice recomendable.
χ^2/gl	La razón Chi-cuadrado y grados de libertad. Razones < 3 se consideran indicadores de ajuste aceptable del modelo, no suele ser recomendado.
CFI	Índice de ajuste comparativo (*Comparative Fit Index*). Es un ajuste descriptivo y comparativo, la literatura señala que modelos con valores ≥ 0.95 suele ser indicativo de un buen ajuste entre el modelo teórico y el empírico, pero valores > .90 son aceptables.
TLI o NNFI	Índice de ajuste no normado (*Non Normed Fit Index*). Es un ajuste descriptivo y comparativo, con valores > .90 es aceptable el modelo, pero con $\geq$ .95 se presume que el modelo tiene un buen ajuste.
PNFI	Este ajuste corregido por parsimonia debe ser próximo a 1, lo que indicaría buen ajuste.
IFI	Índice incremental de ajuste (*Incremental Fit Index*). Es un índice descriptivo y comparativo, se considera que valores > .90 son aceptables en el modelo.
RMSEA	Índice de aproximación de la raíz de cuadrados medios del error (*Root Mean Square Error of Aproximation*). Es un ajuste descriptivo absoluto, con valores < .08 es un criterio de referencia de aceptación $\leq$ .06 el modelo se ajusta de manera óptima.

Nota. [a]Los criterios de interpretación de la tabla han sido obtenidos de la literatura, principalmente basados en los trabajos de Abad et al. (2010), Batista y Coenders (2012), Kline (2016), Manzano y Zamora (2009) y Ruiz, Pardo y San Martín (2010).

El Modelo BhiPRO es parsimonioso en su versión de AFC, las cinco dimensiones que mide son claramente identificables y debido al tamaño de la muestra, sugiere su generalización a través del Modelo BhiPRO más preciso. La dimensión de Felicidad organizacional (F) presenta los indicadores más elevados que contribuyen al Modelo BhiPRO general, posterior a este, es la dimensión de Agrado (A) la que también presenta buena contribución al modelo general. En tercer lugar, la dimensión de Beneficios (B) contribuye al modelo general, evalúa de manera eficiente y con bajos niveles de error. Por último, las dimensiones de Expectativas (E) y de Cultura y Rotación (C), son parte esencial del modelo, aunque sus niveles de contribución general son más bajos que las tres dimensiones anteriores, el Modelo BhiPRO no podría ser identificado sin estas dos dimensiones, por lo que son fundamentales para el modelo general y la interacción entre dimensiones (Figura 4).

Figura 10.

Análisis factorial confirmatorio que se muestra sobre la interacción de las cinco dimensiones de la BhiPRO, donde se observa la contribución de cada dimensión al modelo general. Los Análisis mostraron validez de constructo del modelo. Fuente: elaboración propia con AMOS.

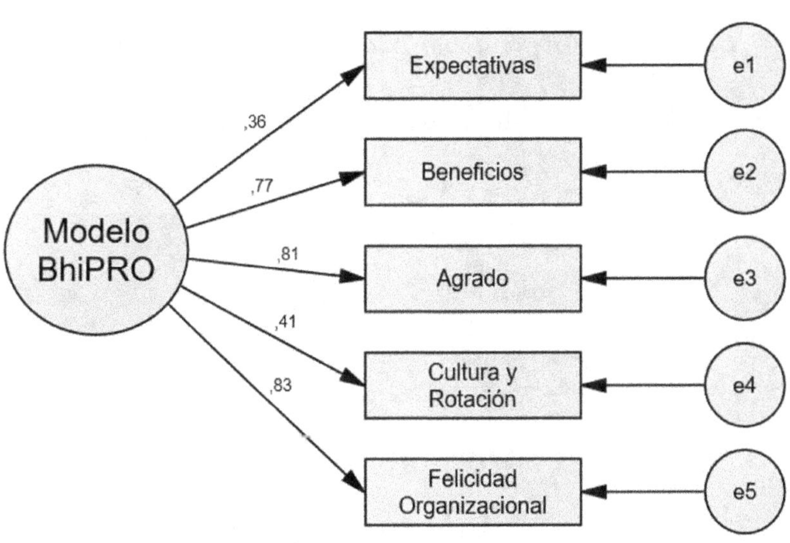

El modelo *Business Happiness Index Program* aquí expuesto tiene cinco dimensiones que evalúa 22 indicadores clave de la felicidad en la cultura organizacional que **presentan evidencia em-**

pírica basada en pruebas rigurosas de fiabilidad y validez, por lo que se puede considerar un modelo muy estable, altamente confiable, con validez interna, con validez externa, es decir, que puede generalizarse a los perfiles de la muestra y población, estos hallazgos facilitan el proceso de estandarización del modelo para población latinoamericana e hispanohablante (Tabla 10).

Tabla 10.

Bondad de Ajuste de los Modelo 1 y 2 del BhiPRO.

Estadísticos	Modelo	Interpretación
Dimensiones	5	
Parámetros	15	
χ^2	125.40	
gl	5	
p	.000	
χ^2/gl	25.08	
CFI	.975	Muy bueno
TLI	.951	Bueno
IFI	.976	Muy bueno
PNFI	.487	
RMSEA	.088	bueno
Ajuste	**Bueno**	

Nota. Los valores de referencia para la interpretación del ajuste se encuentran en la Tabla 9.

Las puntuaciones del Modelo BhiPRO son confiables, pues muestran consistencia al medir sus cinco dimensiones; asimismo, *el Modelo es válido, pues sus indicadores cuantitativos miden de forma loable el constructo teórico que brinda soporte al modelo.*

Validez del contenido en el Modelo BhiPRO:

Originalmente el Modelo BhiPRO fue creado para medir siete dimensiones, siendo la dimensión de Felicidad organizacional un constructo transversal en la prueba, es decir, algunos ítems puntuaban al mismo tiempo a esta dimensión y a alguna otra del modelo (tabla 11).

Tabla 11.

Modelo BhiPRO original con siete dimensiones y 42 ítems

Dimensiones	Dimensión transversal	Indicadores	Ítems
Expectativas		Imagen de la empresa	9
Expectativas		Cumplir Metas y Sueños	10
Expectativas		Ser Feliz	11
Expectativas		Expectativas Cumplidas	12
Realidad		Herramientas cumplir metas	13
Realidad	Felicidad organizacional	Ser feliz	14
Realidad		Expresar emociones	15
	Felicidad organizacional	Ser escuchados	16
	Felicidad organizacional	Muestras de amabilidad y alegría	17
	Felicidad organizacional	Miedos y errores	18
	Felicidad organizacional	Buen humor	19
	Felicidad organizacional	Adaptación a los cambios	20
	Felicidad organizacional	Adaptación a los cambios	20
Pertenencia	Felicidad organizacional	Orgullo	21
	Felicidad organizacional	Flexibilidad horaria	22
	Felicidad organizacional	Positividad y buena actitud	23
	Felicidad organizacional	Buena comunicación	24
	Felicidad organizacional	Camaradería	25
	Felicidad organizacional	Feliz entorno familiar	26
	Felicidad organizacional	Apoyo para cumplir Felicidad	27
Agrado	Felicidad organizacional	Equilibrio vida laboral y personal	28
Agrado		Programa de Reconocimiento	29
Cultura y Rotación		Ausencias o Incapacidades	30
Cultura y Rotación		Renuncias y Retiros	31
Agrado		Preparación Profesional	32
	Felicidad organizacional	Promover Autoestima	33
	Felicidad organizacional	Promover educación financiera	34
	Felicidad organizacional	Liderazgo	35
	Felicidad organizacional	Felicidad valor corporativo	36
Agrado		Capacidad de perdón	37
Agrado		Potencial profesional	38
Agrado		Puestos de trabajo atractivos	39

	Felicidad organizacional	Selección de personal por actitud	40
Beneficios		Burocracia	41
Beneficios	Felicidad organizacional	Salario y Beneficios	42
Beneficios		Calidad de Vida	43
Beneficios		Beneficios vs Metas y Sueños	44
Beneficios		Beneficios para la familia	45
Agrado	Felicidad organizacional	Satisfacción	46
Realidad		Cumplimiento de Expectativas	47
Realidad		Empresa ideal	48
Pertenencia		Buscar Trabajo	49
Pertenencia		Recomendación a colegas	50

La validez de contenido del modelo de siete dimensiones de la BhiPRO presentó cambios en el proceso de análisis psicométrico, aunque los procesos de fiabilidad se mantuvieron medianamente estables, para ofrecer validez de constructo se necesitó un proceso adaptativo de la escala, puesto que la evidencia empírica a través del análisis factorial exploratorio mostró la emergencia de cinco factores, aunque también se observó un buen ajuste con seis factores, no obstante, en este último caso, el constructo no se verificó en la etapa de análisis factorial confirmatorio y por esta razón se mantuvo la evidencia consolidada para el Modelo BhiPRO de cinco dimensiones.

En el modelo de cinco dimensiones posterior a los análisis de validez de constructo a través de los análisis factoriales, la escala obtuvo un diseño muy próximo al mostrado en la evidencia empírica, la aproximación entre el modelo teórico y el empírico verificaron la cercanía entre ambos y generaron una propuesta basada en evidencia que favorece tanto el marco teórico del contenido como el trabajo empírico de la prueba.

Figura 11

Nuevo Modelo BhiPRO.

En términos generales, las correlaciones ítem-test al interior de las dimensiones presentan indicadores adecuados de asociación, el 77% de los 22 ítems del modelo se posicionan con valores R > .700, por lo que la fiabilidad entre las partes del test y la totalidad de cada dimensión demuestran buenos indicadores de confianza del instrumento y del Modelo BhiPRO.

El Business Happiness Index Program del Modelo final BhiPRO aquí expuesto tiene cinco dimensiones que evalúa 22 indicadores clave la felicidad en la cultura organizacional que presentan evidencia empírica basada en pruebas rigurosas de fiabilidad y validez, por lo que se puede considerar **un modelo muy estable, altamente confiable, con validez interna, con validez externa, es decir, que puede generalizarse a los perfiles de la muestra y población, estos hallazgos facilitan el proceso de estandarización del modelo para población** latinoamericana e hispanohablante.

El Clima Organizacional en el Modelo BhiPRO

El Modelo BhiPRO cuenta con un total de 42 indicadores, de los cuales cinco son una medida fiable y válida para el Clima Organizacional: Buena comunicación (i24), Reconocimiento a colegas (i50), Liderazgo (i35), Puestos de trabajo atractivos (i39), y Satisfacción (i46).

La evidencia empírica que arroja el Modelo BhiPRO sobre su medida de Clima Organizacional señala robustez en las propiedades de fiabilidad y confianza de la escala; los análisis para las cinco dimensiones presentan excelentes indicadores de consistencia interna por el método de Alfa de Cronbach, donde se ha mostrado que $\alpha = .877$, superando los valores criterio establecidos para este estadístico ($\alpha \geq .600$).

Por otra parte, respecto a la estructura de asociaciones entre los cinco indicadores de Clima, se encuentra que la Satisfacción en el indicador que mayores correlaciones presenta con la escala total de Clima, asimismo, la Satisfacción presenta las relaciones más fuertes con otros indicadores, tal es el caso del Reconocimiento a colegas, esto indica que existe un fuerte vínculo entre el reconocimiento y la satisfacción, lo cual se ha caracterizado también como un factor de protección psicosocial en el trabajo (tabla 12).

Otra fuerte asociación que se presenta con la Satisfacción es el indicador de Puestos de trabajo atractivos, lo cual permite apreciar nuevamente el fuerte vínculo de la satisfacción para el clima, en este caso con los puestos de trabajo. Después de esta asociación, el vínculo entre Puestos de trabajo atractivos y Liderazgo es la tercera correlación de mayor fuerza, siendo también el Liderazgo el indicador que mayor incidencia presenta para la escala total de Clima (Tabla 12).

En general, todas las correlaciones muestran coeficientes muy elevados (R ≥ .500) y significativos (p ≤ .001), lo que indica que su estructura interna tiene una fuerte asociación entre todos los indicadores, donde la satisfacción juega un rol preponderante.

Tabla 12.

Matriz de correlaciones Rho de Spearman entre los indicadores del Clima organizacional en el Modelo BhiPRO.

	M (DE)	1	2	3	4	5
1. Buena comunicación	7.9 (2.0)	-	.545	.610	.611	.588
2. Recomendación a colegas	8.6 (1.7)		-	.523	.579	.710
3. Liderazgo	7.5 (2.3)			-	.644	.582
4. Puestos de trabajo atractivos	7.1 (2.4)				-	.646
5. Satisfacción	8.1 (1.7)					-
Clima organizacional[1]	39.3 (8.6)	.692	.704	.700	.736	.766

[1]La correlación de los cinco indicadores con el Clima organizacional es la Correlación ítem-test corregido, proceso en el que se sustrae el puntaje de cada indicador para correlacionar la escala total con dicho indicador.
Nota probabilística: todas las correlaciones son significativas al valor *p* ≤ .001

Finalmente, la validez de constructo del factor Clima organizacional del Model o BhiPRO ha sido verificado a través de la evidencia del Análisis Factorial Confirmatorio, donde se ha encontrado que este modelo de medida de cinco indicadores se ajusta muy favorablemente al factor de Clima organizacional (Figura 12).

Figura 12

Modelo Path Diagram de análisis factorial confirmatorio de la medición de Clima Organizacional en el Modelo BhiPRO. Se muestra un modelo con muy buen nivel de ajuste. Fuente: Elaboración propia con Amos.

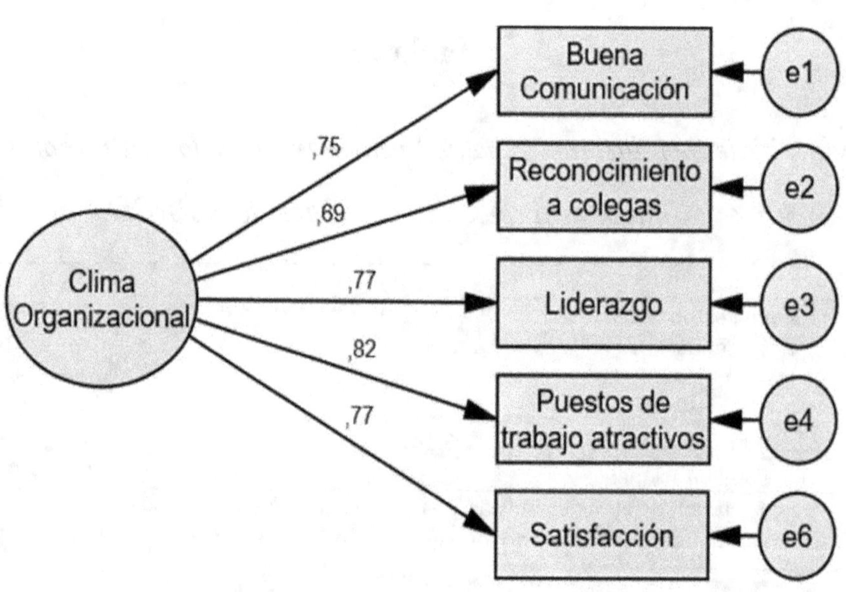

Los resultados de la estimación del modelo muestran la bondad de ajuste de los indicadores estadísticos con los valores criterios para considerar la validez de constructo, lo cual es evidencia suficiente para la validación de la medida de Clima Organizacional en el Modelo BhiPRO (Tabla 13).

Tabla 13.

Resultados de bondad de ajuste del modelo y sus criterios de evaluación.

Estadísticos	Modelo Clima	Criterios de ajuste
Ítems	5	
Parámetros	15	
χ^2	50.947	
gl	5	
p	.000	Se mantiene el modelo si el valor de $p \geq .05$, sin embargo, la literatura señala que no es un índice recomendable.
χ^2/gl	10.189	Razones < 3 se consideran indicadores de ajuste aceptable del modelo, no suele ser recomendado.
CFI	.997	con valores ≥ 0.95 suele ser indicativo de un buen ajuste entre el modelo teórico y el empírico, pero valores > .90 son aceptables.
TLI	.994	Con valores > .90 es aceptable el modelo, pero con $\geq .95$ se presume que el modelo tiene un buen ajuste.
IFI	.997	Se considera que valores > .90 son aceptables en el modelo.
PNFI	.498	Debe ser próximo a 1, lo que indicaría buen ajuste.
RMSEA	.039	con valores < .08 es un criterio de referencia de aceptación $\leq .06$ el modelo se ajusta de manera óptima.
Ajuste	Muy bueno	

Referencias

Abad, F. J., Olea, J., Ponsoda, V. y García, C. (2010). Medición ciencias sociales y de la salud. Editorial Síntesis.

Álvarez, E. y Fernández, L. (1991). El síndrome de "Burnout" o el desgaste profesional. *Revista de la Asociación Española de Neuropsiquiatría, 11*(39), 257-265. http://revistaaen.es/index.-php/aen/article/view/15231/15092#

Arias, W. y Arias, G. (2014). Relación entre el clima organizacional y la satisfacción laboral en una pequeña empresa del sector privado. Ciencia & Trabajo, 16(51), 185-191.

Arias, W., Macías. A. y Justo O. (2014) Felicidad, burnout y estilos de afrontamiento en una empresa privada. Avances en psicología, 22(1) 75-88. Disponible en http://www.unife.

edu.pe/publicaciones/revistas/psicologia/2014/ AVANCES.W.Arias.pdf. Consultado el 20 de enero del 2018.

Batista, J. M. y Coenders, G. (2012). *Modelos de ecuaciones estructurales.* Editorial La Muralla.

Baker, D., Greenberg, C. y Hemingway, C. (2006). *What Happy Companies Know, Pearson Education, New Jersey, USA.*

Ben-Shahar, Tal (2011). Practicar la felicidad. Plataforma Editorial.

Beytía, Pablo (2017). *Vínculos familiares: una clave explicativa de la felicidad.* [Archivo PDF]. https://osf.io/preprints/socarxiv/6uyjx/

Bután, paraíso en el Himalaya y creador del Día Internacional de la Felicidad (2018). *El Confidencial.com.* https://www.elconfidencial.com/mundo/2018-03-20/dia-internacional-felicidad-20marzo_1538280/

Camacaro P. *Aproximación a la calidad de vida en el trabajo en la organización castrense venezolana: Caso aviación militar venezolana [tesis] [en línea]. Málaga: Eumet.net; 2010 [citado 16 oct 2013]. Disponible en: www.eumed.net/ tesis/2010/prc/*

www.eumed.net/tesis/2010/prc/

Conrado, Noelia (2018). El secreto de la felicidad, según 12 de los filósofos más sabios de la historia. El Confidencial.com. https://www.elconfidencial.com/alma-corazon-vida/2016-07-04/secreto-felicidad-filosofos-nietzsche-kant-aristoteles_1226385

Cummins, R. A., Li, N., Wooden, M. y Stokes M. (2014). A Demonstration of Set-point for subjective Wellbeing. *Journal of Happiness Studies,* 15: 183-206. DOI: 10.1007/s109022-013-9444-9

Denegri, C. M., García, J. C., y González, R. N. (2015). Definición de bienestar subjetivo en adultos jóvenes profesionales chilenos. Un estudio con redes semánticas naturales. CES Psicología, 8(1), 77-97. https://doi.org/10.21615/3216

Donnelly, Suellen (s.f.). *How Bhutan can Measure and Develop GNH.* [Archivo PDF]. https://f.elconfidencial.com/file/f7b/d58/d6a/f7bd58d6a98df7f4022da232dad2f39f.pdf

Dutschk, G. (2013) *Factores condicionantes de la felicidad organizacional en Portugal. Estudio exploratorio de la realidad en Portugal. Revista de Estudios Empresariales, 1, 21–43. Dispo-*

nible en https://revistaselectronicas.ujaen.es/ index.php/REE/ article/view/819/805. Consultado el 15 de junio del 2018.

García M, Ibarra L. Diagnóstico de clima organizacional del departamento de educación de la Universidad de Guanajuato [en línea]. Málaga: Eumed.net; 2012 [citado 27 nov 2014]. Disponible en: http://www.eumed.net/librosgratis/2012a/1158/teoria_clima_organizacional_de_likert.htmlhttp://www.eumed.net/ librosgratis/2012a/1158/teoria_clima_organizacional_de_likert.html

Eckhaus, E. (2018). Measurement of organizational happiness. En J.I. Kantola et al. (eds.), Advances in human factors, business management and leadership, intelligent systems and computing 594. pp. 266-278. DOI: 10.1007/978-3-319-60372-8_26

Fernandez, I. (2015). *Felicidad Organizacional, como construir felicidad en el trabajo. Ediciones B. Chile*

Fisher, C. (2010). *Happiness at work. International Journal of Management Reviews. 12, 384–412. https://doi. org/10.1111/ j.1468–2370.2009.00270.x).*

Greenwald, A. G., y Farnham, S. D. (2000). *Using the implicit association test to measure selfesteem and self-concept. Journal of Personality and Social Psychology, 79(6), 1022–1038. https://doi.org/10.1037/0022-3514.79.6.1022*

Hosie, P. y Sevastos, P. (2009): *Does the happy-productive worker thesis apply to managers?. International Journal of Workplace Health Management. 2 (2) 131-160. https://doi.org/10.1108/17538350910970219.*

Kline, R. B. (2016). *Principles and Practice of Structural Equation Modeling.* The Guilford Press.

Louffat, E. (2015). *Administración: Fundamentos del Proceso Administrativo. (4 ed.). Argentina, Ciudad Autónoma de Buenos Aires: CengageLearning.*

Manzano, A. y Zamora, S. (2009). *Sistema de ecuaciones estructurales: una herramienta de investigación.* (Cuaderno técnico 4). CENEVAL.

(Martínez, R. (2005). Psicometría: teoría de los test psicológicos y educativos. Editorial Síntesis.)

Mide La Felicidad (2019). Trabajar, una experiencia feliz. *Asociación para el Desarrollo de la Experiencia de Cliente.* https://

asociaciondec.org/blog-dec/trabajar-una-experiencia-feliz/40962/

______ (2021). *Informe parcial medicion mundial de felicidad organizacional.* [Archivo PDF]. https://www.midelafelicidad.com/wp-content/uploads/2021/09/INFORME-Parcial-Medicion-2-agosto2021-B.pdf

Moccia, S. (2016) Felicidad en el trabajo. Papeles del Psicólogo. Revista del consejo general de psicología en España. 37(2). 143-151. Disponible en http://www.redalyc.org/pdf/778/77846055007.pdf. Consultado el 20 de marzo del 2018.

Moyano Díaz, Castillo Guevara, & Lizana Lizana, 2008 04. doi:10.1590/S0034-759020180405 Luthans, F. (2002). The need for and meaning of positive organizational behavior. Journal of organizational behavior, 23(6), 695-706. doi:10.1002/job.165 Moyano Díaz, E., Castillo Guevara, R., & Lizana Lizana, J. (2008). Trabajo informal: Motivos, bienestar subjetivo, salud, y felicidad en vendedores ambulantes. Psicologia em Estudo, 13(4), 693-701. doi:10.1590/S1413-73722008000400007)

Molina Valencia, N. (Ed.) (2020). Psicología en contextos de COVID–19, desafíos poscuarentena en Colombia. [Archivo PDF]. https://www.researchgate.net/profile/Idaly-Barreto/publication/342716926_La_doble_amenaza_emocional_en_la_pandemia_del_COVID-19/links/5f03494c45851550508dd0af/La-doble-amenaza-emocional-en-la-pandemia-del-COVID-19.pdf#page=237

Páez Monsalve, D.R. (2020). **Los factores de productividad que determinan la felicidad laboral** *[Monografía, Fundación Universidad de América]. Repositorio Institucional Lumieres. https://hdl.handle.net/20.500.11839/7889*

Ramírez Vargas, J. C. (2021). Mide la Felicidad realizó a nivel mundial durante la pandemia de 2020 a nivel mundial. *Neuro4r.* https://www.neuro4r.com/2021/02/10/mide-la-felicidad-realizo-a-nivel-mundial-durante-la-pandemia-del-2020-medicion-mundial/

________ (2020). *Well-being in Latin America. Policies and Drivers.* Springer.

Rodríguez D. 2008. *Gestión Organizacional. Elementos para su estudio. 4ª ed. Santiago: Eds. Universidad Católica de Chile;*

2008.

Rodríguez y Sanz 2013 *Happiness and well-being at work: A special issue introduction. La felicidad y el bienestar en el trabajo: una introducción especial al tema. Revista de Psicología del Trabajo y de las Organizaciones.* 29 (3), 95-97. https://doi.org/10.5093/tr2013a14)

Ruiz, M. A., Pardo, A. y San Martin R. (2010). *Modelos de ecuaciones estructurales. Papeles del psicólogo, 31(1), 34-45.*

Seligman, M. E. (2003). *La auténtica felicidad. Barcelona: Litografía S.I. A.G.S. A.*

Stewart, H. (2015). *Manifiesto de la felicidad.* Panamericana Editorial.

Trabajadores felices, empresas exitosas (2019). *El Espectador.* https://www.elespectador.com/-actualidad/trabajadores-felices-empresas-exitosas-article-867198/

Zamora, Monroy y Chávez (2009). Análisis factorial: una técnica para evaluar la dimensionalidad de las pruebas. *Papeles de Psicólogo,* 31(1), 18-33.

Conclusiones

Esta gran investigación que ha generado un estudio de carácter mundial, la cual hemos realizado desde Mide La Felicidad® durante más de 7 años, a través de nuestro Modelo Bhi-PRO, ha arrojado unos hallazgos muy interesantes y conclusiones que marcan el cambio de muchas estrategias y tácticas en las que la organización, en la mayoría de las ocasiones por falta de información se está ejecutando en ocasiones erróneamente.

Recordemos que la muestra general con la que se analizaron las propiedades psicométricas del modelo BhiPRO es de n = 6,197 colaboradores de centros de trabajo de Latinoamérica y otras regiones con rangos de edad entre los 18 años y los 65 años.

Estas 6.197 personas participaron voluntariamente respondiendo un formulario con 65 preguntas (abiertas, cerradas y en escala de 1 a 10) y dieron sus calificaciones de acuerdo con su experiencia laboral actual.

A continuación, haremos un análisis exhaustivo y detallado en los indicadores que tienen los puntajes más altos:

"Feliz en Entorno familiar" es el ítem que obtiene la nota más alta con una calificación casi perfecta con 95/100 puntos, esto nos revela que lo más importante y valioso que tienen los seres humanos en el constructor de la felicidad, no solo a nivel individual, sino a nivel organizacional es la familia. Todos los rangos de edad y los géneros presentan una tendencia similar con puntajes que oscilan entre los 94/100 y los 97/100 puntos. (Tabla 14)

Tabla 14.

Feliz en entorno familiar.

| Edad | Género | | | |
| | Mujer | Hombre | Otro | Total |
	P (%)	P (%)	P (%)	F
18-25	94 (57.5)	94 (42.3)	100 (0.2)	1208
26-35	95 (56.2)	95 (43.7)	100 (0.1)	2241
36-45	94 (60)	96 (39.9)	100 (0.1)	1721
46-55	95 (58.5)	97 (41.4)	100 (0.1)	816
56-65	97 (52.1)	96 (47.4)	100 (0.5)	211
Total	94 (57.69)	96 (42.2)	100 (0.11)	6197

Abreviaturas: P = Puntaje, F = frecuencia o conteo, % = porcentaje por fila.

Durante la pandemia que inició en 2020, donde la gran mayoría de personas se han llevado el trabajo a su casa, compartiendo el mismo espacio con su pareja, hijos, padres e incluso mascotas, es esencial construir y fortalecer el entorno familiar en el que las personas están ejecutando su labor.

Un entorno familiar infeliz afecta directamente el comportamiento, el desempeño y la productividad de los colaboradores, por lo tanto, la mayor recomendación es que todas las empresas abran las puertas al mundo del relacionamiento, ya no sólo con el colaborador, sino con su familia y así conocer, vincular, apoyar y ofrecer beneficios que le permitan al colaborador cubrir no solo las necesidades básicas propias, sino, las de su núcleo familiar.

Ir más allá y generar recursos económicos y emocionales hacia las familias de los colaboradores va a logra que el colaborador genere un vínculo especial con la empresa, incremente la pertenencia y lealtad hacia la compañía, esto logrará que el colaborador piense dos o tres veces más el desvincularse de la empresa, ya que no sólo él dejará de recibir los beneficios de la empresa, sino que también esos beneficios los perderá su familia.

"Orgullo" Es el segundo puntaje más alto con 89/100 puntos. La evidencia muestra que el nivel de orgullo que sienten las personas por las empresas donde laboran presenta una relación directamente proporcional con el rango de edad, a mayor edad es mayor el puntaje de este indicador.

Se destaca en las mujeres ubicadas en el rango de edad de 56-65 años con 93/100 puntos y en los hombres ubicados en el rango 46-55 y 56-65 años con 94/100 puntos. Es un indicador que muestra la lealtad que tienen esos seres humanos que trabajan diariamente en la empresa y que están dispuestos a dar lo mejor de sí, siempre y cuando las condiciones de trabajo y la cultura organizacional sea en entornos felices. (Tabla 15)

Tabla 15.

Orgullo.

Edad	Género			Total
	Mujer P (%)	Hombre P (%)	Otro P (%)	F
18-25	86 (57.5)	88 (42.3)	100 (0.2)	1208
26-35	88 (56.2)	90 (43.7)	100 (0.1)	2241
36-45	89 (60)	89 (39.9)	93 (0.1)	1721
46-55	90 (58.5)	94 (41.4)	95 (0.1)	816
56-65	93 (52.1)	94 (47.4)	98 (0.5)	211
Total	88 (57.69)	90 (42.2)	97 (0.11)	6197

Abreviaturas: P = Puntaje, F = frecuencia o conteo, % = porcentaje por fila.

Cuando la marca logra generar en los colaboradores este nivel de orgullo, permite que la transformación o evolución hacia la cultura sea menos resistente al cambio y avance más rápido.

Las empresas deben enfocar su esfuerzo en construir una cultura organizacional en felicidad sólida, estable y muy humana, para que el nuevo personal que se va vinculando a la empresa empiece a tener una experiencia memorable e impactante de forma positiva para despertar el orgullo en su gente lo más pronto posible y ese orgullo no sólo derive en mayor productividad sino en aumento de recomendación hacia la marca, convirtiéndose en una marca empleadora de vanguardia y excelencia.

"Recomendación a colegas" es el tercer ítem mejor calificado, donde se demuestra que los colaboradores si están dispuestos a referenciar y recomendar la empresa a sus colegas y conocidos para apoyar el proceso de selección y vinculación de nuevo personal, es una clara señal de lo felices que se encuentran en su labor diaria, en el trabajo en equipo, en el ambiente basado en la camaradería, la comunicación, el respeto y por supuesto la felicidad corporativa.

Tabla 16.

Recomendación a colegas.

Edad	Género			Total
	Mujer	Hombre	Otro	
	P (%)	P (%)	P (%)	F
18-25	82 (57.5)	84 (42.3)	100 (0.2)	1208
26-35	84 (56.2)	83 (43.7)	100 (0.1)	2241
36-45	85 (60)	81 (39.9)	100 (0.1)	1721
46-55	86 (58.5)	86 (41.4)	100 (0.1)	816
56-65	89 (52.1)	83 (47.4)	100 (0.5)	211
Total	84 (57.69)	83 (42.2)	100 (0.11)	6197

Abreviaturas: P = Puntaje, F = frecuencia o conteo, % = porcentaje por fila.

En las mujeres el mayor puntaje se obtuvo en el rango de edad de 56 a 65 años con 89/100 puntos y en los hombres el mayor puntaje se obtuvo en el rango de edad de 46 a 55 años con 86/100 puntos. (Tabla 16)

Cuando una persona está dispuesta a recomendarle a otra la empresa donde trabaja es un indicio de que su experiencia es muy favorable y positiva y tiene el deseo que otra persona viva la misma experiencia. Además, va a querer que a la organización se sumen personas que contribuyan y se acoplen a la cultura ya existente, de forma natural y positiva y que crezcan junto a la organización.

Es difícil no darle una mirada y revisar cuáles fueron aquellos indicadores en los que los colaboradores de todo el mundo nos están diciendo que es importante que se trabaje un programa de choque dentro de las organizaciones, para transformar sus vidas laborales con impacto personal en trabajos donde deberían poder ser más felices, es por ello por lo que a continuación presentaremos los indicadores con el puntaje más bajo:

"Percepción de ausencias y retiros" es el ítem con el puntaje más bajo de todo el modelo con 53/100 puntos.

En las mujeres el puntaje es mucho más bajo que en los hombres, para las mujeres el puntaje es de 50/100 puntos, siendo el rango de edad entre 46 – 55 años el más crítico con 49/100 puntos. En los hombres el puntaje es de 57/100 puntos, siendo el rango de edad de 18 – 25 años el más crítico con 53 puntos, en contraste con el rango de 56 – 65 años que tiene un puntaje de 64/100 puntos. (Tabla 17)

Tabla 17.

Ausencias y retiros.

Edad	Género			Total
	Mujer P (%)	Hombre P (%)	Otro P (%)	F
18-25	52 (57.5)	53 (42.3)	88 (0.2)	1208
26-35	51 (56.2)	57 (43.7)	47 (0.1)	2241
36-45	50 (60)	58 (39.9)	65 (0.1)	1721
46-55	49 (58.5)	58 (41.4)	71 (0.1)	816
56-65	53 (52.1)	64 (47.4)	67 (0.5)	211
Total	50 (57.69)	57 (42.2)	67 (0.11)	6197

Abreviaturas: P = Puntaje, F = frecuencia o conteo, % = porcentaje por fila.

Entre más bajo es el puntaje, más alto es la percepción de las personas de que existe una alta y constante rotación de personal, por lo tanto, se considera que fuera de la empresa están encontrando mejores oportunidades de las que se pueden encontrar al interior (y cuando hablamos de "mejores oportunidades" no nos referimos solamente al salario, existe infinidad de temas adicionales a éste en que los colaboradores quieren sobresalir), los colaboradores buscan adicionalmente aspectos en la empresa en donde se les permita desarrollar mucho más su potencial profesional, que sientan que su trabajo le genera emoción, que pueden desarrollar todo su conocimiento, creatividad, innovación y por ende sentirse exitosos en la misma.

"Promover Educación Financiera" es el segundo indicador con el puntaje más bajo con 53/100 puntos.

En las mujeres el puntaje más bajo se encuentra en el rango de edad de 46 – 55 años con 52/100 puntos y el más alto en el rango de edad de 18 – 25 años con un puntaje de 56/60 puntos.

En los hombres el puntaje más bajo se encuentra en el rango de edad de 36 – 45 años con 45/100 puntos y el más alto en el rango de edad de 18 – 25 con 60/100 puntos. (Tabla 18)

Tabla 18.

Educación financiera.

Edad	Género			Total
	Mujer	Hombre	Otro	
	P (%)	*P (%)*	*P (%)*	*F*
18-25	56 (57.5)	60 (42.3)	89 (0.2)	1208
26-35	53 (56.2)	53 (43.7)	78 (0.1)	2241
36-45	53 (60)	45 (39.9)	81 (0.1)	1721
46-55	52 (58.5)	52 (41.4)	83 (0.1)	816
56-65	54 (52.1)	54 (47.4)	82 (0.5)	211
Total	54 (57.69)	52 (42.2)	83 (0.11)	6197

Abreviaturas: P = Puntaje, *F* = frecuencia o conteo, % = porcentaje por fila.

Es corresponsabilidad de la empresa procurar y promover que sus colaboradores tengan un excelente nivel de educación financiera, que sepan el correcto uso y administración del dinero, evitando tener personas sobreendeudadas.

Que tengan la consciencia y los hábitos adecuados para que el salario que la empresa paga cubra sus necesidades básicas, aporte a su calidad de vida y el de su familia y se oriente al cumplimiento de sus metas y sueños, sobre todo este aspecto es en el que las empresas deben enfocar su atención, dado que si los colaboradores pueden trabajar por alcanzar y hasta cumplir sus metas, gracias al apoyo de la empresa, este colaborador estará infinitamente agradecido y generará vínculos aún mayores de empatía y compromiso laboral.

Es un riesgo muy evidente para las empresas que sus colaboradores tengan dificultades y problemas económicos, ya que esto llega a generar altos niveles de estrés, ansiedad, preocupaciones, malas relaciones familiares y entre compañeros de trabajo, además de ser una posible fuente de oportunidades para los ilícitos y robos dentro de la organización, especialmente en aquellas empresas donde hay manejo de dinero en efectivo.

"Programa de Reconocimiento" es el tercer indicador con puntaje más bajo con 55/100 puntos.

En las mujeres el puntaje más bajo se encuentra en el rango de edad de 36 – 45 años con 51/100 puntos y el más alto en el rango de edad de 56 – 65 años con un puntaje de 61/60 puntos.

En los hombres el puntaje más bajo se encuentra en el rango de edad de 36 – 45 años con 52/100 puntos y el más alto en el rango de edad de 18 – 25 con 62/100 puntos. (Tabla 19)

Tabla 19.

Programa de reconocimiento.

Edad	Género			Total
	Mujer P (%)	**Hombre** P (%)	**Otro** P (%)	F
18-25	56 (57.5)	62 (42.3)	94 (0.2)	1208
26-35	53 (56.2)	57 (43.7)	94 (0.1)	2241
36-45	51 (60)	52 (39.9)	93 (0.1)	1721
46-55	54 (58.5)	57 (41.4)	93 (0.1)	816
56-65	61 (52.1)	60 (47.4)	95 (0.5)	211
Total	53 (57.69)	60 (42.2)	94 (0.11)	6197

Abreviaturas: P = Puntaje, F = frecuencia o conteo, % = porcentaje por fila.

Es fundamental que toda empresa construya y aplique un verdadero programa de reconocimiento que incentive la labor diaria de su gente, el cerebro de los seres humanos trabaja por recompensas, las cuales aplicadas a diario incentivan a que el colaborador constantemente haga un trabajo excelente, a esforzarse mucho más y obtener los resultados que la empresa está esperando.

El reconocimiento se debe enfocar en lo bueno, en lo que está bien hecho y no en reconocer únicamente lo extraordinario, no debe caer en rankings o en destacar o comparar a unas personas con otras, debe ser transversal a toda la organización y ser de conocimiento de todos los colaboradores.

"Promover autoestima" es el cuarto ítem con el puntaje más bajo con 56/100 puntos.

En las mujeres el puntaje más bajo se encuentra en los rangos de edad de 26 – 35 años y de 36 – 45 años con 54/100 puntos y el más alto en el rango de edad de 56 - 65 años con un puntaje de 63/60 puntos.

En los hombres el puntaje más bajo se encuentra en el rango de edad de 36 – 45 años con 52/100 puntos y el más alto en el rango de edad de 56 - 65 con 67/100 puntos. (Tabla 20)

Tabla 20.

Promover autoestima.

Edad	Género			Total
	Mujer	Hombre	Otro	
	P (%)	*P (%)*	*P (%)*	*F*
18-25	55 (57.5)	60 (42.3)	24 (0.2)	1208
26-35	54 (56.2)	57 (43.7)	88 (0.1)	2241
36-45	54 (60)	52 (39.9)	67 (0.1)	1721
46-55	59 (58.5)	57 (41.4)	59 (0.1)	816
56-65	63 (52.1)	67 (47.4)	46 (0.5)	211
Total	55 (57.69)	56 (42.2)	56 (0.11)	6197

Abreviaturas: P = Puntaje, *F* = frecuencia o conteo, % = porcentaje por fila.

Comportamiento por generaciones

En la actualidad en todas las empresas a nivel mundial ya se encuentran trabajando personas que pertenecen a alguna de las cuatro generaciones de acuerdo a su fecha de naciemianto ya identificadas:

1. **Babyboomers:** Se les define a las personas nacidas entre 1946 a 1964, por lo tanto, son personas que para el 2021 tienen una edad entre 75 y 57 años.

2. **Generación X:** Se les define a las personas nacidas entre 1965 a 1979, por lo tanto, son personas que para el 2021 tienen una edad entre 56 y 42 años.

3. **Millennials o Generación Y:** Se les define a las personas nacidas entre 1980 a 2000, por lo tanto, son personas que para el 2021 tienen una edad entre 41 y 21 años.

4. **Centennials o Generación Z:** Se les define a las personas nacidas entre 2001 a 2010, por lo tanto, son personas que para el 2021 tienen una edad entre 20 y 11 años.

Cada generación presenta comportamientos, gustos, hábitos y aprendizajes completamente diferentes, lo cual es un reto bastante importante a toda organización en pro de construir una cultura de felicidad donde las cuatro se puedan relacionar de la mejor manera posible. A continuación, se presentan los resultados obtenidos para cada una de estas generaciones.

Tabla 21.

Babyboomers.

ITEMS CON PUNTAJE MÁS ALTO

Ítem	Puntaje
1. Feliz en entorno familiar	97
2. Orgullo	93
3. Recomendación a colegas	89
4. Ser Feliz (Expectativa)	87
5. Cumplir metas y sueños (Expectativa)	86
6. Positivismo y buena actitud	86
7. Imagen de la empresa	85
8. Ser Feliz (Realidad)	84
9. Muestras de amabilidad y alegría.	84
10. Buscar trabajo.	84

F: 211
Tamaño de la muestra

MIDE LA Felicidad

RESULTADOS POR GENERACIONES
Baby Boomers

ITEMS CON PUNTAJE MÁS BAJOS

Ítem	Puntaje
1. Promover educación financiera	54
2. Renuncias y retiros	58
3. Programa de Reconocimiento	61
4. Seleccionar personal	61
5. Ausencias o incapacidades	64
6. Promover autoestima	64
7. Beneficios para la familia	70
8. Burocracia	70
9. Apoyo para cumplimiento de metas y sueños.	70
10. Capacidad de perdón	70

Rango de calificación: 0 a 100 pts

Es la generación que manifiesta ser más feliz en su entorno familiar y sentir el mayor orgullo por su empresa, lo que conlleva a que es la generación con la más alta disposición a recomendar la empresa. Es la única generación que no está dispuesta a buscar un nuevo trabajo.

Esta generación siente la falta de reconocimiento después de tantos años de laborar en las empresas, además que sus altas expectativas de poder cumplir sus sueños personales no fueron apoyadas y acompañadas por la empresa en el pasado. La mínima capacidad de perdón de las empresas frente a los errores cometidos se evidencia para esta población.

Quisieran que los beneficios brindados por las organizaciones apoyaran o vincularan más a sus familiares y se han dado cuenta que al momento de vincular nuevas personas a las empresas es muy importante tener en cuenta la actitud y habilidades blandas y no solo las habilidades duras o técnicas como lo vivieron ellos. (Tabla 21)

Tabla 22.

Generación X.

ITEMS CON PUNTAJE MÁS ALTO

Item	Puntaje
1. Feliz en entorno familiar	96
2. Orgullo	91
3. Recomendación a colegas	85
4. Ser Feliz (Expectativa)	83
5. Ser Feliz (Realidad)	82
6. Cumplir metas y sueños (Expectativa)	82
7. Flexibilidad horaria	82
8. Positivismo y buena actitud	82
9. Imagen de la empresa	82
10. Muestras de amabilidad y alegría.	81

F: 1457
Tamaño de la muestra

MIDE LA felicidad

GEN X   GEN X

ITEMS CON PUNTAJE MÁS BAJOS

Item	Puntaje
1. Promover educación financiera	52
2. Renuncias y retiros	53
3. Programa de Reconocimiento	54
4. Promover autoestima	56
5. Seleccionar personal por actitud	61
6. Miedos y errores	65
7. Burocracia	66
8. Ausencias o incapacidades	66
9. Trabajo atractivo	66
10. Equilibrio vida laboral y personal	66

Rango de calificación: 0 a 100 pts

Esta generación, es la que le da más valor a la familia, la percepción de felicidad en comparación con sus expectativas está niveladas minimizando el riesgo de frustración. Mantener una buena actitud y una visión positiva del futuro les brinda un mejor entorno laboral, así que poder demostrar la alegría y amabilidad con otras personas es fundamental para ellos.

No haberse educado financieramente les está doliendo e incomodando, lo que afecta su calidad de vida y la de su familia, es la generación que necesita mayor reconocimiento a todo su esfuerzo y dedicación de años con las empresas, es el reconocimiento a la buena labor diaria. Quieren sentirse valiosos y valorados, su autoestima se está viendo afectada por el complejo trato recibido en las empresas.

Valoran su tiempo y esperan poderlo mantener equilibrado entre lo laboral y lo personal, necesitan que su trabajo sea dinámico y atractivo, además de que este mejor remunerado. (Tabla 22)

Tabla 23.

Millennials o Generación Y.

Esta generación manifiesta por primera vez el buen humor como un elemento fundamental en sus relaciones y experiencias laborales, acompañada de una visión positiva del futuro. Han llegado a las empresas con expectativas bastante altas de poder ser felices y cumplir sus sueños. Sienten gran orgullo por la empresa, pero en menor nivel que las dos generaciones que le preceden, son un poco más críticos al momento de recomendar la empresa a sus colegas. Su percepción de felicidad es menor en comparación a las otras generaciones.

Perciben que en las empresas existen altos niveles de rotación y renuncias, sus finanzas personales y familiares necesitan ser apoyadas por la empresa para la consecución de sus metas y sueños a través de educación financiera para corregir sus hábitos y tomar las decisiones correctas.

Necesitan que constantemente su labor diaria sea reconocida positivamente y no se les mida solo por resultados, junto a sentirse valorados e importantes como seres humanos y no solo como un número o cargo más como trabajadores. Como su familia es lo más importante, ya que es una generación que la mayoría aún tiene a sus padres vivos, pero además ya tienen cónyuge e hijos, es de vital importancia que la empresa vincule y extienda a su familia los beneficios que les brinda. (Tabla 23)

Tabla 24.

Centennials o Generación Z.

ITEMS CON PUNTAJE MÁS ALTO

Puntaje

1. Feliz en entorno familiar — 92
2. Orgullo — 85
3. Buen humor — 83
4. Muestras de amabilidad y alegría — 83
5. Recomendación a colegas — 82
6. Imagen de la empresa — 82
7. Ser feliz (Expectativa) — 81
8. Cumplir metas y sueños (Expectativa) — 81
9. Positivismo y buena actitud — 81
10. Camaradería — 80

F: 664
Tamaño de la muestra

RESULTADOS POR GENERACIONES
Centennials o Generación Z

ITEMS CON PUNTAJE MÁS BAJOS

Puntaje

1. Renuncias y retiros — 57
2. Promover autoestima — 59
3. Promover educación financiera — 59
4. Beneficios para la familia — 61
5. Programa de Reconocimiento — 62
6. Miedo y errores — 64
7. Equilibrio vida laboral y personal — 67
8. Trabajo atractivo — 68
9. Salario y beneficios — 68
10. Calidad de vida — 71

Rango de calificación: 0 a 100 pts

Son la generación que se encuentra en su primer empleo, recién graduados de la educación secundaria o bachillerato, o están iniciando su carrera profesional universitaria, muchos de ellos aún viven con sus padres, por lo tanto, no dependen económicamente al 100% de su salario. En el caso de investigación son jóvenes con edades entre los 18 y los 20 años.

Es la generación que menos feliz se siente en su entorno familiar con respecto a las otras tres, aunque mantiene niveles de felicidad muy importantes. El trato como seres humanos y las relaciones son cada vez más importantes por encima de las habilidades profesionales, es así como el buen humor, las muestras de amabilidad y alegría, el reconocimiento, el positivismo, la camaradería son esenciales dentro de su entorno laboral.

Los Centennials o generación Z llegan a las empresas con expectativas más bajas y están dispuestos a recomendar la empresa a otros colegas, pero en menor nivel con respecto a las otras tres generaciones, siempre y cuando su tiempo sea respetado y sientan que definitivamente su nivel de felicidad es alto.

Para esta generación ven como una constante natural que las personas renuncien a su trabajo y que cambien fácilmente de empresa, al estar iniciando su vida laboral son muy conscientes de que necesitan tomar decisiones correctas con el manejo del dinero y que ellos y sus familias se sientan valorados dentro de las empresas.

Al estar en etapa de formación y aprendizaje es normal que cometan errores, por lo tanto, no aceptan que se les juzgue o califique por dichos fallos, ya que consideran que hacen parte de la etapa de aprendizaje. Su vida fuera de la empresa y la jornada laboral es muy importante y no es negociable, por lo tanto, necesitan jornadas equilibradas o flexibles y su salario es muy importante para vincularse a una empresa, pero no es una camisa de fuerza que los fidelice para no pensar en un cambio. (Tabla 24)

Definitivamente, todas las generaciones nos están manifestando en cifras en varias partes del mundo de manera muy aguda y precisa que las organizaciones, empresas, emprendimientos y toda institución que genere fuerza laboral, necesita y debe centrarse en los aspectos que brinden y permitan la construcción de la felicidad a los colaboradores, ésta es la única manera en que ellas podrán acelerar el camino para ser exitosas, rentables, crecer y perdurar en el tiempo.

Acerca de los Autores

Esta pareja es una explosiva mezcla de intuición, terquedad, perseverancia, sueños, lucha, acción y cumplimiento de metas, nada los detiene cuando de trabajar en equipo se trata por sus sueños juntos.

Diana es una mujer, madre y esposa ejemplar con un corazón muy noble y sensible, lleno de amor para compartir infinitamente, acompañado de una fuerza sobrehumana, mucha disciplina, compromiso, rebeldía, constancia, determinación y dedicación por lograr lo que se propone para ella misma y para su familia.

Reconocida TEDx Speaker en San José de David Panamá con la charla "Monitoreando Felicidad Laboral" (https://youtu.be/nk4S2-3UlOE), Escritora, Investigadora, Creadora del Modelo de Medición en Felicidad Organizacional BhiPRO (Business Happiness Index Program), Especialista en Gerencia del servicio, comercial y ventas, Conferencista y Mentora internacional, PNL, Speaker internacional, mentora, Points of You®, Líder Yoga de la Risa.

Su objetivo es ayudar a las empresas a trabajar en equipo y lograr el máximo nivel de productividad y rentabilidad, especialista en Gestion del Cambio (Lean Change Management), Customer Experience, Neurociencias, Coach.

Oscar es un hombre dedicado a cuidar y proteger su familia, esposa, hijos, padres, siempre aportando alegría y felicidad, es el alma de la fiesta. Su insignia es vivir la vida al máximo y disfrutar cada instante.

Empresario Co-Fundador de Fund Dreams y Mide la Felicidad®. Escritor, Investigador, International Mentor, Speaker y Conferencista internacional, Laughter Yoga, Practitioner Points of You®, Smart Money, Neurociencias.

Su objetivo es compartir y ayudar a las personas a mejorar su calidad de vida y la consecución de sus sueños, así como educar en felicidad financiera.

Visita su sitio web: midelafelicidad.com para más información, o escribe a comercial@midelafelicidad.com para solicitar detalles de sus programas y modelos educativos.

¿Quién es Mide La Felicidad®?

Empresa Colombiana que nace en el 2014, siendo pionera en América Latina en trabajar en las personas y las empresas impactando con el mensaje de que La Felicidad es el eje fundamental del éxito organizacional.

A partir de la aplicación de sus índices de felicidad a clientes y colaboradores los equipos directivos tendrán indicadores claros para redirigir el manejo de la cultura y acompañar a los miembros del equipo en su desarrollo personal y profesional.

Con equipos de trabajo humanos enfocados en el SER y las habilidades blandas y duras, llevando un mensaje de Felicidad Organizacional buscando personas y empresas felices, productivas y rentables, a partir de la transformación de las culturas en felicidad, trabajando en co-creación para el logro de los sueños de personas y empresas en todo el mundo.

Con presencia, a través de sus Emisarios de Mide La Felicidad® a nivel internacional.

¿Qué Hacemos?

- Transformamos la cultura organizacional como primer paso hacia la FELICIDAD y el ÉXITO en las empresas.

- Apoyamos la transformación en el pensamiento de las personas con Habilidades blandas y duras para llegar de manera asertiva al CAMBIO.

Metodología de Trabajo

- Índice de Felicidad Organizacional a través de la revolucionaria metodología científica BhiPRO (business Happiness Index Program).

- Construcción planes de acción: Sesiones de trabajo con colaboradores.

- Entrega informe de resultados y plan a seguir.

Sabemos lo que es trabajar por la transformación organizacional, en Mide La Felicidad® te ayudamos de manera productiva y muy efectiva.

Mide La Felicidad® es una empresa de Fund Dreams inscrita en InstituLAC, pertenece al ecosistema del Ministerio de Ciencia, Tecnología e Innovación, están articuladas para el desarrollo de la sociedad, competitividad y bienestar social, el cual viene trabajando más de 20 años en las investigaciones, siendo uno de los más robustos a nivel internacional.

Además, es la aplicación que permite ver y crear un amplio directorio de instituciones, a las cuales están vinculados los diferentes grupos de investigación y los diferentes investigadores. Hace parte de los aplicativos de la plataforma ScienTI, tiene como finalidad construir una base informática completa y organizada, en donde se pueda observar y encontrar la información de las instituciones a las cuales están vinculados los grupos, los investigadores y las revistas.

Fund Dreams – Mide La Felicidad® es reconocida como actor vinculado al Sistema Nacional de Ciencia, Tecnología e Innovación de Colombia.

Colaboración con este libro

Diseños portada y modelo BhiPRO – Kimberly Flores

kreativadass@gmail.com

Foto autores - Javier Torres

j.torres@hemisferioizquierdofotografia.com

Apoyo edición comunicaciones Laura Vanessa Lozano Bobadilla

lauralozanobobadilla@gmail.com

www.ingramcontent.com/pod-product-compliance
Lightning Source LLC
Chambersburg PA
CBHW071738150726
47998CB00005B/1694